石油企业科技管理实务

牛彦良 著

石油工业出版社

内 容 提 要

本书针对石油企业的研究院在管理工作中的实际问题，从组织结构设计、项目管理、人力资源管理、绩效管理、战略管理等方面开展研究，形成了适合机构自身特色的科技管理体系和制度体系，是科技管理方法研究成果的汇总和科技管理创新经验的总结。

本书可供企业研发机构科技管理人员、技术研发人员阅读，也可供从事管理研究和管理工作的相关人员参考。

图书在版编目（CIP）数据

石油企业科技管理实务 / 牛彦良著. —北京：石油工业出版社，2021.11
ISBN 978-7-5183-4965-4

Ⅰ.①石… Ⅱ.①牛… Ⅲ.①石油工业-科学技术管理-文集 Ⅳ.①TE-53

中国版本图书馆CIP数据核字（2021）第226374号

石油企业科技管理实务
牛彦良　著

出版发行：石油工业出版社
　　　　　（北京安定门外安华里2区1号楼 100011）
网　　址：www.petropub.com
编 辑 部：（010）64523546　　图书营销中心：（010）64523633
经　　销：全国新华书店
印　　刷：北京晨旭印刷厂

2021年11月第1版　　2021年11月第1次印刷
787×1092毫米　开本：1/16　印张：12
字数：180千字

定　价：80.00元
（如出现印装质量问题，我社图书营销中心负责调换）
版权所有，翻印必究

前 言

1987年，美国国家研究委员会（NRC）的研究咨询小组在《科技管理：被隐藏的竞争优势》研究报告中，建议将"科技管理（Management of Technology）"正式编列为一门独立学科，并且在各个领域推广，就此诞生了科技管理学派。该报告指出，科技管理是一个包含了科技能力的规划、发展和执行，并且用来规划和完成组织运营以及策划目标的跨科别领域。企业科技管理是企业对于科技知识的产生、发展、传播和应用等相关活动进行的组织管理工作，遵循需求主导、科技先行、超前预判、系统管理、追求效益、以人为本的原则，主要任务是做好研发战略及计划的制订、研究开发过程管理、科技成果推广与应用管理、知识产权管理和科技人员管理等。

笔者长期在大庆油田勘探开发研究院从事技术研发、技术管理、科技管理方面的工作。近20年来，针对石油企业研究院管理工作中的实际问题开展研究，并作为科技管理工作负责人强力推动研究成果在管理实践中不断应用完善，形成了适合机构自身特色的科技管理体系和制度体系。本书就是科技管理研究成果、管理实践经验的全面总结，重点关注组织结构设计、项目管理、人力资源管理、绩效管理、战略管理等方面。本书共分为三部分。第一部分包括7篇研究成果（其中4篇发表在管理专业期刊上），创新提出了网络型组织结构设计方案、基于投入产出曲线（I/O）的人力资源调配方法、针对管理人员的二进制指标分类测评方法（BIC）、研发机构竞争力评价"三力"模型、特定技术方向的溯源式前沿跟踪方法。第二部分包括 7 篇科技管理应用成果，是笔者在大庆油田勘探开发研究院科技管理创新实践的总结，创新提出了工作、个人、单位"三位一体"的全面绩效考核方法（PPO），建立了项目管理、员工培训管理的制度流程和管理体系。第三部分包括 2 篇应用实例，系统总结了大庆油田勘探开发研究院 20 年来在发展战略管理、项目管理上的管理实践和改革创新探索历程。

大庆油田勘探开发研究院陆会民、王刚、王建堂、孙国昕、刘晓阳、付百舟、王仁民等参与了本书相关的研究工作，并在相关成果的推广应用方面付出了辛劳和心血；科技管理部王高文、《大庆石油地质与开发》编辑部李伟及相关人员为本书的编辑和出版提供了大力支持和帮助，在此一并表示感谢。

由于水平有限，疏漏和不当之处在所难免，敬请读者批评指正。

目　录

第一部分　科技管理相关问题研究 1

第一篇　油公司研究院组织结构设计研究 3
第二篇　石油勘探开发设计人力资源调配方法研究 14
第三篇　管理人员评价指标体系设计及测评方法研究 22
第四篇　科技人员激励需求调查分析方法研究 30
第五篇　研发机构国际竞争力评价模型研究 40
第六篇　特定技术方向的溯源式前沿跟踪方法研究 57
第七篇　研发类科技外协项目成本估值方法研究 69

第二部分　科技管理实际应用方法 75

第八篇　科技项目管理 77
第九篇　生产任务调配管理 87
第十篇　科技外协管理 94
第十一篇　员工晋级培训体系设计 98
第十二篇　专业技术岗位资质管理 108
第十三篇　全面绩效考核 115
第十四篇　科技管理体系设计 136

第三部分　科技管理创新实例 147

第十五篇　大庆油田勘探开发研究院发展战略演进历程 149
第十六篇　大庆油田勘探开发研究院项目管理机制探索历程 172

参考文献 183

第一部分
科技管理相关问题研究

第一篇 油公司研究院组织结构设计研究[1]

油气勘探开发是油公司的核心业务。石油勘探，就是利用各种勘探手段了解地下的地质状况，认识油气生成、运移、聚集、保存等条件，综合评价含油气远景，确定油气聚集的有利地区和储油气的圈闭，并探明油气田面积和地质储量，搞清油气层情况和产出能力的过程。油气田开发，就是在认识和掌握油田地质及其变化规律的基础上，在油藏上合理地分布油井和投产顺序，以及通过调整采油井的工作制度和其他技术措施，把地下石油资源采出到地面的全过程。探井和开发井的设计是勘探开发的核心工作，一般由油公司勘探开发研究院（以下简称"油公司研究院"）承担。以勘探开发科研和设计管理为实例，运用现代管理理论分析其现有组织结构的问题，设计新的组织结构，提出进一步的改进意见。

一、油公司研究院及其勘探开发研究设计和特点分析

油公司研究院主要承担着油气勘探开发技术的攻关研究、探井和开发井方案设计等业务，组织结构和石油勘探开发设计工作有其独特性。

（一）油公司研究院特点分析

油公司研究院勘探开发科技人员大多具有硕士和博士学历，高级职称比例高，是典型的智力密集型组织，需要合理的组织结构保证人力资源的优势得到充分发挥。勘探开发理论研究、技术创新、产品开发等科研活动具有不可预测性、风险高、创造性强的特点，需要组织结构具备相当的灵活性，超

---

[1] 原文发表于《管理观察》2019年第22期。

强的管理约束不利于创新。石油科技具有多学科交叉、融合创新的显著特点，具有强的跨学科需求，需要不同背景的科技工作者团队进行有效合作，才能更好地解决重大前沿问题，需要顺畅的跨专业协作的组织管理模式保证。

（二）勘探开发研究设计特点分析

（1）科研和设计结合紧密。油公司研究院主要从事应用层面的技术开发和勘探开发设计工作，二者实际上没有明显的界限。一个项目组在承担科研课题的同时，也承担相关的生产设计项目，通过生产实际资料的分析可以提出科研问题和攻关方向，同时科研成果也随时在生产设计中得到应用而提高设计水平，设计方案的实施也对科研成果及时检验反馈，促进科研成果水平的不断提高。

（2）设计任务程序性强。勘探开发设计要进行大量的前期工作。勘探设计前要进行地球物理、地球化学、地质实验分析等工作，落实地层发育、烃源岩生油能力、储层和盖层发育、地质构造形态等。开发设计前要进行评价井钻探，获取油层的含油状况、储层参数、储层流体性质、产能等数据，在此基础上进行地震勘探资料解释和综合地质研究，确定油藏的构造形态、储层分布，落实油层分布范围、储量分布。之后才能进入勘探开发设计阶段，就变成了相对程式化的批量作业方式。勘探设计要论证探井部署的可行性，设计探井的井位、钻探目的层、钻井方式、完井和测试方式等。开发设计要论证开发方式、井网方式、注采方式、产能预测、开发指标预测、经济评价，设计具体的井位坐标、钻井深度和目的层位置。

（3）设计任务有较大的不确定性。生产设计任务都是油田实际生产急需，周期短，一般在1年左右；任务的下达具有不确定性，特别是在勘探设计上，往往根据勘探的发现随时调整部署方向和部署工作量；但每个项目一旦确定并下达后，设计实施的工程队伍也相应进行计划安排，所以必须在规定的时间内完成。

（4）设计任务涉及多专业分工。勘探开发研究和设计工作主要涉及勘探地质、地球物理、地球化学、岩矿分析、油藏工程、采油工程、油田化学、信息工程等专业。各专业的专业性和实践性都很强，要培养多专业精通的复合型人才十分困难，因此在油公司研究院普遍存在高度的专业分工，项目组需要相关专业人员的合理搭配。这也给项目负责人的选择和项目管理提出了更高的要求。

二、组织结构分析及设计

近年来，中国经济高速增长对石油天然气资源的需求越来越大，而经过近百年的油气勘探开发，多数油田都面临后备储量不足、老油田减产、成本上升的巨大压力。破解这些矛盾和问题，发挥科技作为第一生产力的作用，向技术要资源、要效益、要发展是根本出路。作为油田核心技术研发的主力军，油公司研究院要充分发挥现有科技资源的效率提高科技创新能力，必须破除原有组织结构层级多、效率低、协调难的桎梏，组织结构的变革已经十分迫切。

（一）研发和设计部门的组织结构现状及特点

油公司研究院多采取总部集中管理和控制的科研设计工作管理方式。一般做法是根据专业特点成立几个专门的业务系统作为专业管理机构，根据业务性质和范围在每个业务系统设立多个研究室或实验室。图1-1为油公司研究院原来的组织结构，具有4个维度、模拟分权的特征。

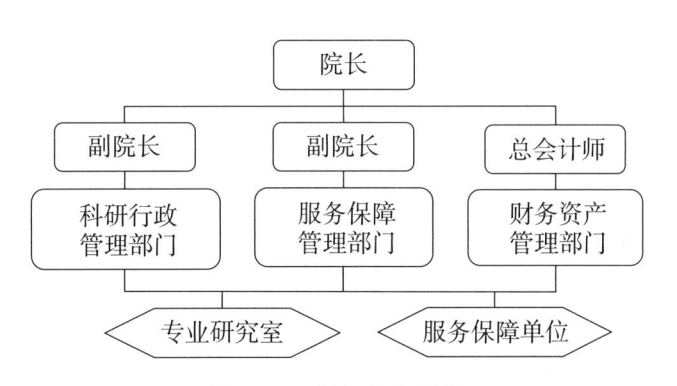

图1-1 组织机构设置

第一维度为行政机构。院长全面主持日常工作，具有行政和经营决策权；副院长和总会计师分管研发和行政管理、服务保障管理、财务资产管理，对所管业务具有审核权；相关职能部门受主管领导指挥，具有组织、协调、检查、对外联络等职能；专业研究室接受主管部门计划或任务并组织实施，具有研发费用使用和人员调配权。

第二维度为委员会制。技术委员会负责全院技术决策管理。根据需要下设专业技术委员会，负责相关专业和研究室的技术管理，具有本专业范围内人员调配、费用管理、项目管理等权限；专业研究室设有室技术委员会，负责本单位项目技术管理与指导，具有人员管理、项目组织管理等权限；若干名副总师负责分管课题的技术指导；科研生产管理部门作为院技术委员会办公室，负责项目计划管理、经费管理、评审管理、成果管理。

第三维度为横向业务流。从业务流程看，勘探研究成果作为油田开发的前期工作，一部分要提交给开发专业作为油田开发研究的输入，进而完成评价部署、方案设计和调整；同时，勘探和开发专业相关实验室也要为各系统提供分析、化验数据；信息专业为主体业务提供信息服务；系统内各项目团队之间实现数据、成果的共享利用。

第四维度为项目团队。根据总目标分解成不同的子目标，组建项目组来完成。这些项目组以计划安排的进度和指标为任务导向，内部分工协作、信息共享，绩效评价以项目组的成果为对象。项目团队接受专业研究室、专业系统的垂直管理。

（二）组织结构分析

1.原组织结构存在的问题

从前面的分析可以看出，油公司研究院内部是近似M形的组织结构，是一种集中管理、分散实施的组织结构，即在集中指导下的分权管理模式。每个业务系统相当于一个事业部。与标准的M形的组织结构略有不同的是，每个业务系统没有专门的职能部门，内部是一种直线式的组织结构，各种职位是按照垂直系统直线排列的，指挥与管理职能基本上由主管领导执行，不设职能机构。这样的组织结构必然使灵活性和适应性受到限制，内部资源和外部资源利用效率低。

（1）管理层级过多。行政机构、委员会制以及横向业务流3个维度管理，组织结构复杂，业务管理交叉，系统、部门沟通不畅，存在管理死角。从院长直到项目组共有5个层级。特别是勘探、开发和信息3个业务系统，虽然相当于事业部，但更像由不同背景的专家组成的委员会。由于这些专家具有不同的背景，代表不同的研究室的利益，因此在委员会成员之间达成共识需要花费不少时间，决策效率和运行效率低。

（2）信息传递失调造成低效率。在每个专业系统内部采取的是垂直管理，系统内部权力集中、责任明确，联系便捷，命令统一，利于直接指挥和控制。如果在系统内部从上向下传递信息，垂直传递的命令链的控制方式较容易使顶层的意志和命令得到贯彻和执行；如果从下向上传递信息，传递的层级多及信息的不对称性，会使信息发生扭曲，真实的信息不能有效地传达到系统的领导；同一系统内部不同研究室的项目组之间的协作要经过"项目组1—研究室1—研究室2—项目组2"3级的信息传递才能达成，效率低下。强的垂直控制限制了不同系统项目组的信息交换和业务协作效率，两个不同系统项目组的协作要经过"项目组1—研究室1—系统1—系统2—研究室2—项目组2"5级的信息传递才能达成，如果某一个节点发生阻滞，信息链就中断了，信息的传递根本无法进行下去。

（3）多学科项目组的限制。油田勘探开发进入当前阶段，其对象越来越复杂，难度越来越大。由表1-1可见，多学科联合攻关是解决这些问题的必由之路，并已经实施了这样的变革，每个项目组都是由不同专业工程师组成的技术团队。再看这些专业工程师的来源，来自不同系统或同一系统的不同研究室，而不同系统采取垂直管理的模式，严重限制专业人员的流动、协作和联合，显然，这样的项目组结构与当前的组织管理结构不协调。总的来看，这是一个垂直管理与水平协调严重失衡的组织结构，部门之间存在很大的壁垒，与课题管理机制不协调，必须要寻求在组织结构上的变革。

表1-1 石油勘探开发项目组

项目组	组长	成员1	成员2	成员3	成员4
勘探设计	勘探地质师 勘探室 勘探系统	实验分析工程师 地质实验室 勘探系统	地球物理师 测井室 油藏评价系统	地震工程师 地震处理室 地震处理中心	信息工程师 信息室 信息系统

续表

项目组	组长	成员1	成员2	成员3	成员4
油藏评价设计	油藏地质师 油藏评价室 油藏评价系统	油藏工程师 油藏评价室 油藏评价系统	地球物理师 测井室 油藏评价系统	地震工程师 地震处理室 地震处理中心	信息工程师 信息室 信息系统
开发设计	油藏工程师 开发室 开发系统	油藏地质师 油藏评价室 油藏评价系统	地球物理师 测井室 油藏评价系统	实验分析工程师 试验室 勘探系统	信息工程师 信息室 信息系统

2.影响组织结构设计的主要因素分析

企业的组织结构主要取决于企业的战略、组织规模、技术状况和环境等因素。

（1）战略分析。油公司研究院作为主要从事勘探开发科研设计技术研发和服务机构，它的理念定位于"技术领先，服务一流"。技术领先要求在科研上采取一种有机的、灵活的组织形式，对前沿技术发展趋势做出及时的反应，对油公司的技术需求全面满足；服务一流要求采取一种高效、稳定的组织形式，保证设计任务的及时率。

（2）外部环境分析。油公司研究院受所属油公司的行政、业务管理。油公司在业务上也划分为勘探、油藏评价、开发、信息等系统，分别由公司机关业务部门直接对口管理。油公司这些部门联系密切，其中勘探和油藏评价业务部门由同一名主管领导负责。另外，受总公司和国家需求的影响，勘探开发计划、进程安排随时会发生较大的变化。因此，整体外部环境是复杂、快速、多变的，要求组织结构的设计必须考虑适应性，增加组织结构的柔性。

（3）技术条件分析。技术因素包括将组织资源投入变成产品和服务产出的工具、方法及活动。根据查尔斯·佩罗的方法，将技术按照任务的多变性和可分析性的程度，分为具有非多变性、高的可分析性、正式化和标准化特点的例行性技术，以及具有多变性、低可分析性、非正式化和非标准化特点的非例行性技术。勘探开发设计任务由油公司正式下达，可以分解为几个标准的步骤，并有严格的企业标准和行业标准，接近例行性技术的特征。但是由于石油勘探开发技术本身又具有很强的实践经验因素的作用，同样的资料和工作基础，不同的人可能产生完全不同的结果，实际效果往往取决于地质和油藏工程师的经验，一名优秀的地质和油藏工程师必须有十几年的经验积累，因此勘探开发设计采用的技术也属于非例行性技术。勘探开发科研工作面向的对象是不可知的地下世界，只有通过间接的地质、地球物理、实验分析、现场测试资料进行综合分析研究，才能获得对地下的认识。在实际勘探开发中，一些意外的资料、方案实施的异常情况都可以导致研究思路、方法、结论、认识的改变，具有高度的多变性，研究工作也难以按标准的程序分解成几个机械性步骤。研究涉及多专业人员参与，人员的经验和专业知识是影响研究效果的主要因素。因此，勘探开发科研工作属于非例行性技术。总体来看，勘探开发科研和设计工作主要属于非例行性技术，需要一种更有机的、结构更灵活、正式化程度低、有更多的权力下放及广泛的水平协调的组织结构。

三、新的组织结构设计

前面的分析给了一个比较清晰的组织结构设计的框架和原则：更有机、更灵活，水平结构，无界限的学习型组织，灵活的中央集权。根据这样的原则，运用组织行为学理论，有两个组织设计的方案可以选择。

（一）网络型组织结构设计

随着社会、经济环境的变化和信息技术的发展，促使企业尽力削减管理层次，扩大各级管理人员的授权范围，追求组织结构的扁平化，同时呈现虚拟化、网络化和组织决策的分散化。网络型组织就是利用现代信息技术手段而建立和发展起来的一种追求效率和灵活性的新型组织结构。在企业内部，网络型组织是由若干独立的、彼此有一定纵横联系的组织单元组成的网络，其核心是网络成员之间在相对松散前提下的高度自主化。这种组织结构没有中间层次，知识和专家基本集中在基层，从产品的开发设计到生产过程、市场进入，都是由来自各职能部门的专家工作小组完成。各组织单元间联系紧密，相互合作，追求资源的共享。网络型的组织结构需要借助信息化的手段，获得大量的信息，该组织要与其他组织保持直接的、经常的相互联系与交流，这样才能使网络结构组织得以运行。

勘探开发研究与设计是油公司研究院的核心业务，物探、地质、开发、地质实验、信息等专业提供技术支持。总体思路是在保持机关部门组织机构基本不变的前提下，重点改造横向业务流，使其具有网络型的结构，适应多变的外部条件、多学科横向联合的需要（图1-2）。

图 1-2　网络型组织结构

设立勘探开发研究设计中心，主要负责勘探开发综合技术研究、总体规划部署、勘探开发设计工作。内部按照技术领域、工作区域设立项目组，每个项目组都是一个多学科团队。设立物探技术研究所和地质油藏实验中心、信息中心以及科研服务中心，主要负责为研究设计中心提供相应的专业技术支持和保障服务。

项目经费分解到勘探开发研究设计中心每个项目团队，项目团队将相应的专业服务任务外包给相应的专业研究所和中心，模拟内部市场运作。

很明显，这样的组织变革，使每一个核心业务项目团队都能充分利用油公司研究院的全部资源，运营成本低、效率高，适应能力和应变能力强，而且专业化的分工有助于专业技术的发展。

（二）矩阵型组织结构设计

图1-3给出了矩阵型组织结构框架，由纵横两套管理系统组成。纵向是职能系统，由院长、副院长领导下的各职能部门和研究室组成，负责日常事务管理，弱化研究室技术管理职能；横向系统是为完成各项任务而组成的总师（专家）领导下的项目团队，团队项目经理由总师（专家）担任，负责项目的组织管理工作，强化委员会专业技术管理职能，项目团队成员在全院范

围双向选择，在执行日常工作任务时接受本单位的垂直领导，在执行项目任务时接受项目经理的领导，任务完成后，成员返回原单位；成立"战略规划研究室"，隶属技术委员会直接领导，负责研究院技术发展总体规划方案编制以及技术成果总结。

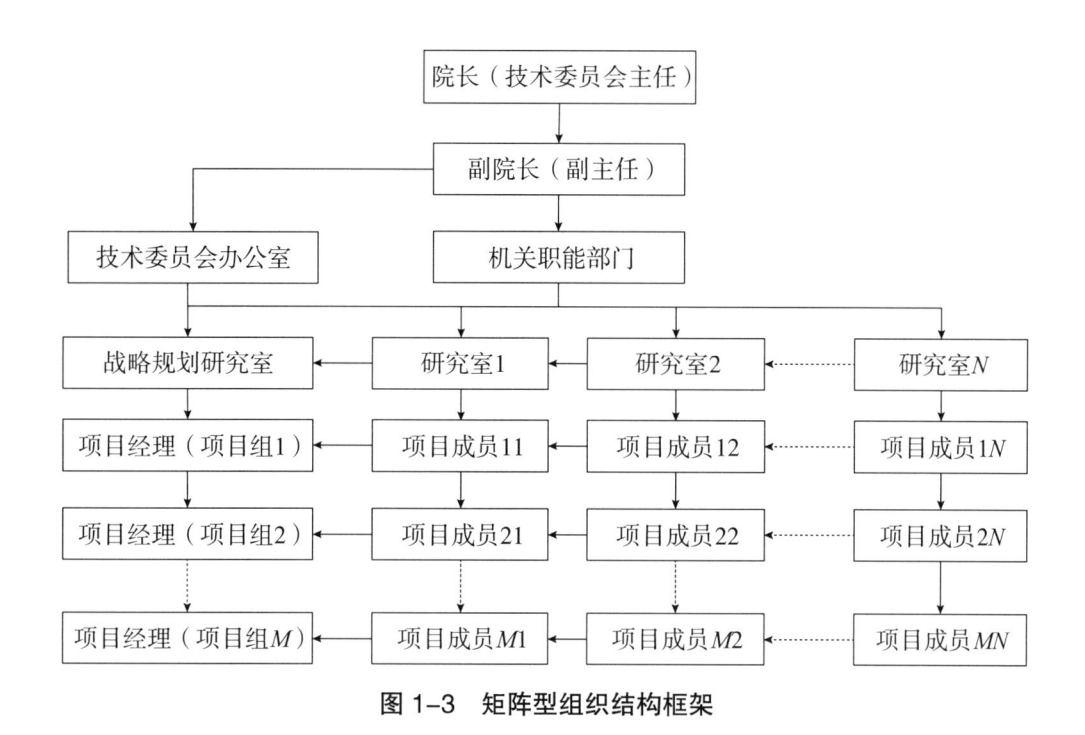

图 1-3 矩阵型组织结构框架

1. 管理层职能与权责划分

纵向：院长主持全院日常工作，具有人、财、物和经营决策权；副院长和总会计师分管业务和行政管理工作，对所管业务具有审核权。

横向：技术委员会主任领导研究院总体技术发展战略组织与决策；科技工作主管副院长直接领导委员会办公室，负责技术发展规划编制、年度科研生产计划编制、经费划拨、知识团队经费使用审核与审批，组织项目评审、验收和考核兑现；总师负责专业项目团队的技术把关与指导和经费使用审核。

2. 部门职能与权责划分

纵向：机关职能部门接受主管领导指令，完成全院日常管理任务；专业研究室主要负责本单位日常管理与临时任务组织，日常管理经费由院统一划拨。

横向：科技管理部门作为院技术委员会办公室，负责技术规划、计划管理、经费管理、项目管理、外协管理等工作。

3. 项目团队职能与权责划分

项目团队：为完成某项任务组成的相对稳定的多学科专业技术人才集体，主要承担重大科技联合攻关项目、按区域划分的勘探开发一体化项目、专业系统内部重点项目等任务。

项目经理：由总师（专家）担任，竞聘或选聘产生，全面负责项目组织管理工作，对课题成果质量、创新程度和完成及时率负责，具有团队成员聘用、经费使用、奖酬金发放等权力。

以团队为核心的组织结构能够快速应对环境的变化，员工的积极性和灵活性很容易调动，信息传递迅速、及时、准确，有利于及时做出决策。

（三）组织结构方案的对比分析及建议

以上提出的两种组织结构方案，相较于目前的组织结构都有明显的优势，但是还需要在两者之间进一步做对比分析。

对比分析两种组织结构类型的优缺点（表1-2），考虑到矩阵型组织结构在专业化方面的明显不足，制约专业技术更深入地创新发展，而网络型组织结构是高水平的专业技术基础上的专业融合；勘探开发研究设计中心与各专业所存在甲乙方的关系，减少了综合项目组的管理幅度，有利于任务按计划推进，也有利于充分利用专业所的整体资源保证专业难题的突破；专业所的模式有利于专业技术专家的培养，为综合研究和设计提供专业保障，认为网络型组织结构更适合油公司研究院，建议采用网络型组织结构。

表1-2 网络型和矩阵型组织结构对比分析

	网络型组织结构	矩阵型组织结构
优点	每一个核心业务项目团队都能充分利用组织的全部资源； 运营成本低，运营效率高； 适应能力和应变能力强； 专业化的分工，有助于专业技术水平的提高	专业之间的协作和融合好； 内部界面模糊，协调难度小； 总师（专家）担任项目团队负责人，约束力强； 有利于培养复合型人才
缺点	专业之间的协作和融合受限； 组织内部的约束力弱； 不利于培养复合型人才	专业化程度低； 运营成本高、效率低； 资源利用率低

四、结论

经过全面解剖油公司研究院的特点和勘探开发设计现状，对其组织结构特点和科研设计现状有了总体的认识，运用管理理论系统分析，提出了该类型研究院组织结构设计思路和初步方案。为了适应多学科联合项目组减少管理层级、提高信息传递效率的需要，为油公司研究院设计了网络型组织结构。这种组织结构的核心是勘探开发研究设计中心，是核心勘探开发综合研究和生产设计任务的组织管理部门，相当于甲方单位；在其外围设立专业技术研究所和中心，相当于乙方单位，为勘探开发研究设计中心提供相应的技术支持和保障服务；勘探开发研究设计中心项目团队与提供专业技术研究所和中心实行内部市场化服务管理。

第二篇 石油勘探开发设计人力资源调配方法研究[1]

考虑到石油勘探开发设计任务的特殊性和复杂性，管理部门在进行人力资源调配时，需要探索一种有效的人力资源匹配方法，能够在有限的人力资源条件下，实现人力资源理使用高效率、任务完成及时高效。应用生产经营管理理论中的投入产出曲线（I/O）分析现有的设计流程下任务的排队、窝工的情况及系统的稳定性，对任务管理提出改进意见，在实际应用中见到了实效。

一、任务量的预测与人员需求分析

勘探开发设计人力资源调配的关键是给出设计任务量的合理预测。设计任务的不确定性除上面提到的原因外，还有一个重要原因是受到前期准备工作的工作量、难度、完成时限的影响，这就导致了油公司的勘探开发设计任务在全年的不同时间下达，每次下达的设计工作量也不一致。每年年初，油公司生产计划管理部门根据前期工作准备情况和生产计划安排，给设计部门提供一个全年安排表，要求设计部门根据计划安排合理调配资源，确保设计任务的按时完成。这里给出某油田生产设计部门给出的年度勘探开发设计任务安排实例（表2-1），按照不同的月份下达，要求每个方案的设计时间为50天，最长时间不能超过80天。

---

[1] 原文发表于《管理观察》2011年第16期。

表 2-1　勘探开发设计任务计划

勘探任务		开发任务	
下达时间（天）	探井（口）	下达时间（天）	开发井（口）
11	2	9	286
37	14	44	117
69	12	61	426
112	15	119	345
121	5	135	147
161	16	152	439
188	9	195	449
214	17	220	146
253	9	241	37
279	10	271	85
316	0	304	367
331	1	340	49
合计	109	合计	2893

承担全部的探井和开发井设计任务的勘探开发设计部门共有设计人员50人。根据以往的设计经验分析，平均设计效率是每口开发井需要一人用3天完成，每口探井需要一人用48天完成。但是，由于每个设计任务都要经过必要的程序，因此尽管可以投入足够多的人力资源，但每个开发方案至少也需要43天，而每个探井设计方案至少需要52天。设计任务的安排按照先到先安排的原则。

设计管理部门要根据表2-1的安排，分析在现有的人力资源情况下任务管理中存在的问题，并提供合理的资源配置意见。

二、运用管理经济学理论进行人力资源调配

生产运营管理中常常遇到运作管理过程中的累积现象，分析累积过程的一个重要工具就是投入产出曲线（I/O），它是用图表表示累积的过程。不同时间下达的勘探开发设计任务为一系列流动的对象，具体的设计任务进入设计过程相当于进入一个限制区域，人力资源制约了处理能力，产生设计任务的积压和排队现象。应用投入产出曲线（I/O），可以分析现有的生产设计流

程下最大限度的任务排队、窝工的情况，分析系统的稳定性。

（一）现行设计任务管理模式下的I/O分析

为了满足油公司的要求，按照现行的任务管理方式，以43天工期为每个设计任务的最多人员配置，每项任务不允许中途调整人员。为了便于分析，将探井根据设计效率折算成开发井，相当于总共4653口的开发井设计任务，并按照时间顺序排队。这就是第一种任务管理模式。

表2-2和图2-1分别为计算出的I/O数据表和曲线图。共有11项任务要等待1～39天，总等待时间156天，每项设计任务平均等待时间11天；等待的井数37～439口。第9～340天，每一天至少有286口井处于设计之中，最多1300口。在进行每项设计期间（限制区），每项设计需要43～172天，根据I/O曲线计算出限制区的面积为309211井·天，按照每人3天设计一口开发井的效率，相当于103070人·天。以人员日工资100元计算，设计直接成本1030.7万元。计算出窝工总工时2381人·天，直接成本23.81万元，可以计算出人员利用效率为97.7%。由限制区的面积计算第9～340天平均在线设计的井数为931口。

表2-2 勘探开发设计I/O数据（第一种设计任务管理模式）

累计井数（口）	到达时间（天）	起始时间（天）	结束时间（天）	累积区面积（井·天）	限制区面积（井·天）	等待时间（天）	设计时间（天）
286	9	9	52	0	12298	0	43
318	11	11	54	0	1376	0	43
542	37	37	80	0	9632	0	43
659	44	44	87	0	5031	0	43
1085	61	61	110	0	20772	0	49
1277	69	80	123	2112	8256	11	43
1517	112	112	155	0	10320	0	43
1862	119	119	171	0	17979	0	52
1942	121	123	166	160	3440	2	43
2089	135	135	191	0	8296	0	56

续表

累计井数（口）	到达时间（天）	起始时间（天）	结束时间（天）	累积区面积（井·天）	限制区面积（井·天）	等待时间（天）	设计时间（天）
2528	152	155	234	1317	34529	3	79
2784	161	166	304	1280	35226	5	138
2928	188	188	231	0	6192	0	43
3377	195	195	367	0	77400	0	172
3649	214	234	280	5346	12732	20	47
3795	220	234	280	1994	6834	14	47
3832	241	280	328	1460	1765	39	48
3976	253	280	328	3954	6869	27	48
4061	271	280	328	804	4055	9	48
4221	279	280	328	234	7633	1	48
4588	304	328	371	8868	15781	24	43
4604	331	331	374	0	688	0	43
4653	340	340	383	0	2107	0	43
合计				27529	309211	156	1305

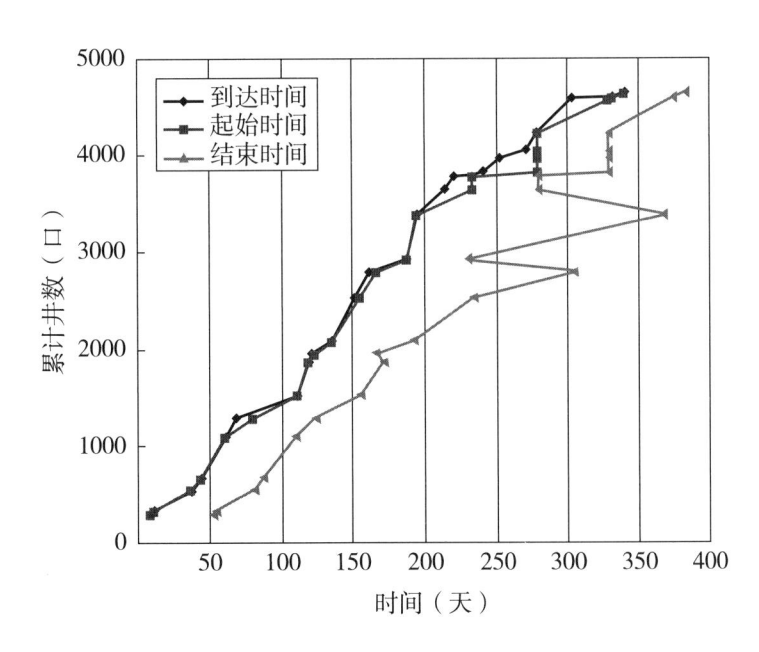

图 2-1　勘探开发设计 I/O 曲线（第一种设计任务管理模式）

图 2-1 的 I/O 曲线表明，设计输入、输出曲线相互分离，而且输出呈现剧烈的跳动，反映出这样的设计管理是一个不稳定的系统。表 2-3 为方差分析结果，等待时间、设计时间、需要的设计人数等均有较大的方差，特别是设计时间方差更大，表明任务的完成时间难以控制，及时率受限制。

表 2-3 方差分析（第一种设计任务管理模式）

项　　目	计数	求和	平均	方差
等待时间（天）	23	156.3	6.8	120.7
设计时间（天）	23	1303.4	56.7	1048.9
需要的设计人数	23	262.9	11.4	54.9

（二）改进的设计任务管理模式下的 I/O 分析

希望有一种更稳定的设计管理模式，可以通过与生产计划部门协商，适当延长设计周期，减少每个项目的人员占用，改进设计管理系统的稳定性。将每项任务的最多设计人员数量控制在满足 60 天的工期范围内。这就是第二种设计任务管理模式。表 2-4 和图 2-2 分别为相应的 I/O 数据表和曲线图，共有 7 个任务要等待 11 ~ 25 天，总等待时间 112 天，每项设计任务平均等待时间 16 天；等待的井数 37 ~ 439 口。第 9 ~ 340 天，每一天至少有 286 口井处于设计之中，最多约 1300 口。在进行每项设计期间（限制区），每项设计需要 60 ~ 91 天，根据 I/O 曲线计算出限制区的面积为 330074 井·天，相当于 110025 人·天。设计直接成本 1100.25 万元。计算出窝工总工时 3578 人·天，直接成本 35.78 万元。计算出人员利用效率为 97.9%。由限制区的面积计算出第 9 ~ 340 天平均在线设计的井数为 994 口。

图 2-2 的 I/O 曲线表明，设计输入、输出曲线虽相互分离，但变化趋势相近，反映出这样的设计管理是一个较稳定的系统。方差分析结果（表 2-5），较第一种设计任务管理模式有较大的改善。特别是设计时间方差大大降低。根据平均值为 68.4 天，可以将设计周期控制在 70 天，而且允许部分项目 15 天的延期，这样按照每项任务 60 天的期限控制最多的设计人员的限制，只有一项任务超过期限。

表 2-4　勘探开发设计 I/O 数据（第二种设计任务管理模式）

累计井数（口）	到达时间（天）	起始时间（天）	结束时间（天）	累积区面积（井·天）	限制区面积（井·天）	等待时间（天）	设计时间（天）
286	9	9	69	0	17160	0	60
318	11	11	71	0	1920	0	60
542	37	37	97	0	13440	0	60
659	44	44	104	0	7020	0	60
1085	61	61	136	0	31931	0	75
1277	69	69	129	0	11520	0	60
1517	112	112	172	0	14400	0	60
1862	119	119	210	0	31460	0	91
1942	121	135	206	1120	5675	14	71
2089	135	135	206	0	10428	0	71
2528	152	152	229	0	33910	0	77
2784	161	172	236	2816	16384	11	64
2928	188	210	295	3195	12228	22	85
3377	195	210	295	6820	38127	15	85
3649	214	229	303	4146	20005	15	74
3795	220	229	303	1350	10738	9	74
3832	241	241	301	0	2220	0	60
3976	253	253	313	0	8640	0	60
4061	271	271	357	0	7347	0	86
4221	279	304	364	4000	9600	25	60
4588	304	304	364	0	22020	0	60
4604	331	331	391	0	960	0	60
4653	340	340	400	0	2940	0	60
合计				23447	330074	112	1573

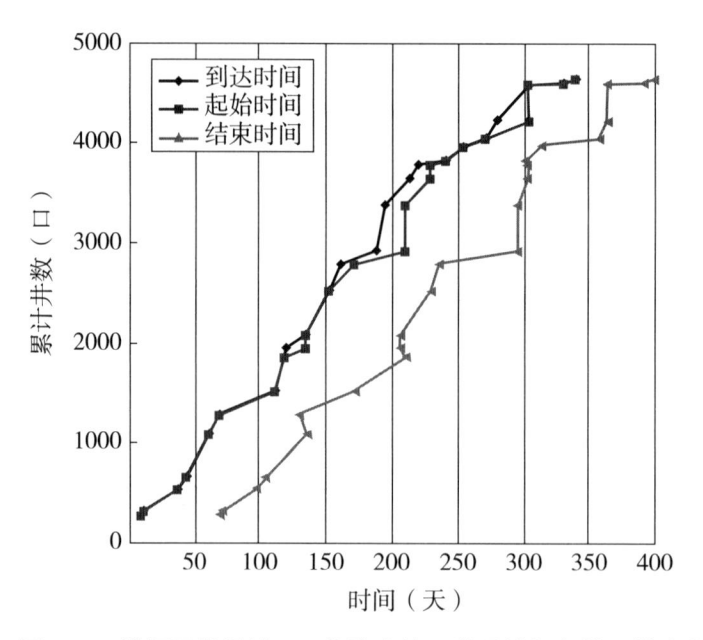

图 2-2 勘探开发设计 I/O 曲线（第二种设计任务管理模式）

表 2-5 方差分析（第二种设计任务管理模式）

项　　目	计数	求和	平均	方差
等待时间（天）	23	111.9	4.9	65.4
设计时间（天）	23	1572.6	68.4	111.1
需要的设计人数	23	205.0	8.9	27.0

三、结论

将两种设计任务管理模式的分析结果进行比较（表 2-6）。按照多投入人力、缩短每项设计周期的管理模式是一个相对不稳定的系统，会受人力资源的制约，增加任务等待排队时间，部分任务的设计周期严重滞后；按照适当减少每项设计投入人力、适当延长周期的管理模式，虽然会造成一定的窝工，但正是这样的系统冗余，增加了系统的稳定性，任务等待排队时间有所减少，任务的设计周期也比较均衡，人力资源的制约状况大大缓解。

实践证明，投入产出曲线（I/O）是一个改善勘探开发设计管理非常有用的工具。

表 2-6 分析结果比较

项　目	第一种设计任务管理模式	第二种设计任务管理模式
等待任务数（项）/总等待时间（天）	11/156	7/112
限制区面积（井·天）	309211	330074
设计直接成本（万元）	1030.7	1100.25
窝工工时（人·天）	2381	3578
人员利用效率（%）	97.7	97.9
平均在线设计井数（口）	994	1061
等待时间均值/方差	6.8/120.7	4.9/65.4
设计时间均值/方差	56.7/1048.9	68.4/111.1
需要的设计人数均值/方差	11.4/54.9	8.9/27.0

第三篇　管理人员评价指标体系设计及测评方法研究[1]

政府部门和企事业单位的各级管理人员是决策的执行者，其综合素质决定了政府和企事业的技术水平、管理水平和发展的潜力，决定企业的成败兴衰。充分了解和掌握领导干部的素质、能力等情况，不仅是正确选拔任用的关键，也是制定干部政策的依据，还是干部培养方案的主要参考。中国的人力资源考评制度因政策环境的变化而变化，同时也因企业的性质有所差异。20世纪80年代之前，在我国以计划经济为主体的经济环境及政治挂帅的政治环境下，企业考评采取自上而下的组织考核的形式，领导干部的任用主要是上级考察为主，重点关注的是政治素质，透明度较低。从20世纪80年代开始，随着我国全面实行改革开放，以经济建设为中心的政策环境逐渐建立和完善，企业考评制度和干部管理体系作为约束、诱导、激励、指导和帮助企业员工为实现企业的生产经营目标做出努力的手段，更加系统、全面、公开、透明，绩效和综合素质成为重要的关注点，考核、测评的层次也逐渐下移。进入21世纪，人力资源考评出现了能力开发取向型取代记分考核型、双向沟通型取代主管中心型、工作绩效基准取代综合抽象基准、重视软体型取代硬体中心型、多面评价取代纵向评价等趋势。国有企业多采用德、能、勤、绩、廉综合评价，比较传统的、笼统的和粗放的考核评价办法虽然也发挥了一定作用，但总体上不能满足新的历史条件下对各级管理人员的正确评价和合理任用的需要，必须制定一套更有效的、有针对性并考虑对象差异的评价方法。以笔者所在的油公司研究院为例，进行了管理人员测评指标设计

---

[1] 原文发表于《管理学家》2021年第7期。

和评价方法研究，并应用于管理人员绩效评估和干部考核工作中，取得了较好的效果。

一、评价指标体系设计

评价指标设计了 3 类、15 个方面、45 个单项，重点考虑素质、能力和绩效 3 个方面，每项指标给出优、良、中、差 4 个评价标准。

（一）素质类

素质是一个人在某些方面的基本特点及素养，是个人的本质体现，是评价管理人员的基础。选用指标包括思想品德、责任性、工作态度、身体素质 4 个方面的 20 个单项指标（表 3-1）。

表 3-1 素质类指标

方面	指标	优	良	中	差
思想品德	1. 理论联系实际	好	较好	有差距	轻视
	2. 深入群众和现场	主动	能深入	不主动	不愿深入
	3. 对人对己	严于律己，宽以待人	有自知之明，能正确对待他人	对人对己有偏见	自以为是
	4. 团结协作	主动协作配合	能够协作配合	不愿协作配合	不能协作配合
	5. 谦虚	谦虚	较谦虚	不够谦虚	骄傲自满
	6. 求真务实作风	实事求是，务实肯干	基本实事求是，实干一般	实事求是一般，不够务实	欺下瞒上，见风使舵
	7. 心态	阳光	健康	有牢骚和怪话	牢骚满腹，怪话多
	8. 不良习好[①]	无	极少	有一些	较多
	9. 亲和力	强	较强	较弱	弱
	10. 公正性	公正	较公正	公正性差	不公正
责任性	11. 尽职尽责	非常尽职	尽职	不太尽职	敷衍塞责
	12. 敢挑重担	主动抢挑	愿意承担	勉强承担	推卸回避
	13. 负责任	敢于负责	负责任	不敢负责任	推卸责任
	14. 关心集体	主动关心	能关心	不太关心	漠不关心
	15. 大局观	强	较强	较差	差
	16. 信心和意志力	坚韧不拔	有信心和意志力	信心不足，意志不坚强	丧失信心，意志薄弱

23

续表

方面	指标	优	良	中	差
工作态度	17. 劳动纪律	自觉遵守	能遵守	偶有违反	经常违反
	18. 服从调配	愉快接受	服从	讨价还价	需强制
身体素质	19. 坚持工作能力	出全勤	少缺勤	有缺勤	经常缺勤
	20. 健康状况	健康	较健康	健康状况一般,但不影响正常工作	健康状况较差,影响正常工作

①不良习好主要包括酒后驾驶、酗酒闹事、拉帮结伙、信谣传谣、赌博、迟到早退、旷工、诋毁他人、不服从工作安排、损公肥私、剽窃成果、相互拆台、尖酸刻薄、欺下瞒上、阳奉阴违、牢骚满腹等。

（二）能力类

能力是个人胜任岗位所承担的工作程度的评价,能力的大小决定今后的业绩水平,主要包括基础能力和业务能力。基础能力包括知识（基础知识、专业知识、实务知识）、技能技巧；业务能力包括理解、判断、决断力,应用、规划、开发力,表达、交涉、协调力,指导、监督、统帅力等。选用的指标包括学识水平、专业能力、观察想象力、判断分析力、处事能力、组织能力、创造能力、表达能力8个方面20个单项（表3-2）。

表3-2 能力类指标

方面	指标	优	良	中	差
学识水平	21. 理论修养	深厚	较深厚	一般	差
	22. 专业知识	很好地适应工作	能适应工作	不太适应工作	不适应
	23. 知识面	广博	较广	一般	狭窄
专业能力	24. 本职经验	丰富	有经验	较少	少
	25. 运用经验	善于	能	不熟练	不会
	26. 善于总结	能	较能	较差	差
	27. 善于学习	重视,善于学习	愿意,勤于学习	被动学习	不愿意学习
观察想象力	28. 周密性	全面	较全面	有偏见	主观片面
	29. 敏感性	反应灵敏	反应一般	反应迟钝	麻木
	30. 预见性	正确	较正确	有偏差	没有

续表

方面	指标	优	良	中	差
判断分析力	31. 辨别能力	精明	较精明	较模糊	模糊
	32. 准确性	符合实际	基本符合实际	有时偏离实际	偏离实际
	33. 反应敏锐性	敏捷活跃	较敏锐	较迟钝	迟钝
处事能力	34. 原则性	强	较强	较差	差
	35. 灵活性	审时度势自如	较灵活	墨守成规	死板
组织能力	36. 归纳性	强	较强	较弱	差
	37. 条理性	清楚	较清楚	较紊乱	紊乱
	38. 用人	用人得当	较得当	时有不当	不当
创造能力	39. 创造性	善于创新，常有新点子和新思路	尚能创新，但新的思想和见解不是很多	安于现状，因循守旧	无创造性
表达能力	40. 表达能力	熟练、准确、生动	一般	较差	词不达意

（三）绩效类

绩效是评价素质和能力的综合显现，具有后判作用。选用的指标包括效率、贡献和威信3个方面5个单项（表3-3）。

表3-3 绩效类指标

方面	指标	优	良	中	差
效率	41. 工作效率	高	较高	较低	低
贡献	42. 业务成果	多	较多	较少	少
	43. 学术贡献	大	较大	较小	小
	44. 管理贡献	大	较大	较小	小
威信	45. 群众威信	高	较高	较低	低

二、综合评价方法

（一）指标权重的确定

上面设计的3类、15个方面、45个单项指标的影响是不一样的，需要确定3类指标的权重和各大类包含各项指标的权重。权重的确定采取判别

25

矩阵分析法，首先通过专家评分统计建立两个指标重要性比较的判断标尺（表3-4）；之后采取专家评判的方式，依据判断标尺对指标进行比对，确定比较指标的差别程度值（平均值），建立判别矩阵，计算特征向量即为指标的权重（表3-5）。

表3-4 指标重要性比较判断标尺

比较指标	差别程度定义	重要性标度
A与B	A比B同等重要	1
	B比A同等重要	1
	A比B略微重要	2
	B比A略微重要	1/2
	A比B比较重要	3
	B比A比较重要	1/3
	A比B十分重要	4
	B比A十分重要	1/4
	A比B特别重要	5
	B比A特别重要	1/5
	上述标准之间折中标度：1.5、2.5、3.5、4.5	

表3-5 3类15个方面指标的指标权重计算结果

大类	素质类 S=0.12	能力类 N=0.63	绩效类 J=0.25
方面	思想品德 S_1=0.116	学识水平 N_1=0.131	效率 J_1=0.300
	责任性 S_2=0.476	专业能力 N_2=0.276	贡献 J_2=0.318
	工作态度 S_3=0.184	观察想象力 N_3=0.065	威信 J_3=0.382
	身体素质 S_4=0.224	判断分析力 N_4=0.066	
		处事能力 N_5=0.053	
		组织能力 N_6=0.116	
		创造能力 N_7=0.146	
		表达能力 N_8=0.146	

（二）评价指标的分级及总评分数计算

根据专家评估，各项指标的评分划分为优秀、良好、中等、一般4个档级，分别赋予95、85、70、60分值。根据每项指标的4个档级评价人数，采取加权平均的方法计算每个人每项指标的评价得分。

在每个人45项指标评价得分的基础上，结合表3-5给出的15个方面指标权重，先计算3类指标的综合评分结果：

素质类评分 ZS=S_1×指标均值+S_2×指标均值+S_3×指标均值+S_4×指标均值

能力类评分 ZN=N_1×指标均值+N_2×指标均值+N_3×指标均值+N_4×指标均值+N_5×指标均值+N_6×指标均值+N_7×指标均值+N_8×指标均值

绩效类评分 ZJ=J_1×指标均值+J_2×指标均值+J_3×指标均值

再结合表3-5给出的3类指标的权重，计算每个人的综合评价分数：

Z=ZS·S+ZN·N+ZJ·J

（三）二进制指标分类测评方法

结合实际样本的分析，研究提出了二进制指标分类测评方法（Binary Index Classify，BIC）。BIC考虑综合评价指标（Z）和素质、能力、绩效（S、N、J）3个分类指标4个维度的分类分析，能够既考虑综合评价，又兼顾了3个基本指标的差异性。其基本的分析方法（表3-6）如下：

（1）将Z、S、N、J每个指标进行两分，分类界限可以按照指标的大小降序排序，前2/3为评价优秀的第一类，赋值为"1"；后1/3为评价一般的第二类，赋值为"0"。

（2）按照Z、S、N、J的顺序，将以上的分类赋值排列在一起就形成四位的二进制数B。

（3）计算B的十进制数，得到0~15共16个数。

（4）将"0~15"与英文字母按顺序"A~P"对应，得到英文字母排序的分类号。

（5）根据A~P类对应的Z、S、N、J特征的描述建立BIC表（表3-7）。

表 3-6　二进制指标分类（BIC）

分类序号	ZSNJ指标分类							
二进制分类序号	1000	1001	1010	1011	1100	1101	1110	1111
数字分类序号	8	9	10	11	12	13	14	15
字母分类序号	I	J	K	L	M	N	O	P
分类序号	ZSNJ指标分类							
二进制分类序号	0000	0001	0010	0011	0100	0101	0110	0111
数字分类序号	0	1	2	3	4	5	6	7
字母分类序号	A	B	C	D	E	F	G	H

表 3-7　BIC 表

分类号		I	J	K	L	M	N	O	P
评价指标	总评Z	优秀	优秀	优秀	优秀	优秀	优秀	优秀	优秀
	素质S	一般	一般	一般	一般	优秀	优秀	优秀	优秀
	能力N	一般	一般	优秀	优秀	一般	一般	优秀	优秀
	绩效J	一般	优秀	一般	优秀	一般	优秀	一般	优秀
分类号		A	B	C	D	E	F	G	H
评价指标	总评Z	一般	一般	一般	一般	一般	一般	一般	一般
	素质S	一般	一般	一般	一般	优秀	优秀	优秀	优秀
	能力N	一般	一般	优秀	优秀	一般	一般	优秀	优秀
	绩效J	一般	优秀	一般	优秀	一般	优秀	一般	优秀

三、应用实例

应用 BIC 方法，由人力资源管理部门组织对笔者所在单位的中层管理人员进行了全面测评。管理人员范围为机关管理部门、基层研究室、基层服务保障单位的正职和副职共 176 人，设计了 45 个单项指标的评价表，由所在单位员工进行测评。根据统计结果，"P"级 105 人，占总数的 60%；"A"级 52 人，占总人数的 30%；"E"级 7 人，占总人数的 4%；"L"级 6 人，占总人数的 3%；其他"M、D、I"级占 3%。根据各级分类的特点分析，进一步评价不同类型人员的使用原则和培养方向，作为培养、提拔、任用的主要依据（表3-8）。

表3-8 管理人员分类评价

评级	特点	使用原则	培养方向	占比（%）
P	素质、能力优秀，有优秀的绩效和高的综合评级	重点使用	安排重点岗位、提拔使用	60
L	能力、绩效和综合评级都较好，素质方面存在欠缺	素质提升后选择使用	加强责任心、工作态度等方面的素质教育	3
E	能力、绩效和综合评级都较差，素质方面较好	能力提升后选择使用	加强能力提升培训和实训锻炼	4
M、D、I	某方面有短板	短板补齐后选择使用	针对短板提升培训，调整岗位	3
A	素质、能力绩效都一般，较低的综合评级	限制提拔使用	安排更适合的一般性岗位	30

四、结论

本篇提出了一套系统性的管理人员综合评价方法，建立了3类、15个方面、45个单项的评价指标体系；依据判断标尺建立判别矩阵确定指标的权重；提出了基于4个维度的二进制指标分类新方法（BIC）。经过实际应用验证，BIC效果良好，可以广泛应用于政府部门、企事业单位各级管理人员的绩效考核、任用评估等人力资源管理工作。

第四篇 科技人员激励需求调查分析方法研究[1]

大庆油田科技人员主要分布在科研院所、院校和医院、油气生产单位和专业公司中的技术研究与生产应用部门等单位。从岗位性质上看，技术研发人员占 25%，技术应用人员占 60%，技术管理人员占 15%。大庆油田十分重视专业技术人员队伍建设和人才激励工作，在人才管理、薪酬管理、科技管理、党群工作等方面都有相应的措施，针对核心技术人才出台了专门的制度办法，对保持专业技术人员队伍的稳定和激发他们的创新热情发挥了很好的作用。初步建立起一支人员数量初具规模、专业门类涵盖齐全、学历和职称结构较为合理的专业技术人员队伍，一大批高素质专业技术人才脱颖而出，担当起了科技攻关和解决生产实际问题的重任，有效地推动了油田科技发展。为了适应油田发展和解决面临问题的需要，在激励体系建设、激励措施完善和激励环境建设等方面还需要进一步加强和改进。一是在体系建设方面还存在激励不够系统的问题。以全员激励为主，差异化激励体现不够；缺乏系统有效的专业技术人员绩效评价体系，绩效考核指标难以量化，影响激励措施效果。二是在措施完善方面还存在激励的杠杆作用不够明显的问题。保健因素偏多，激励因素偏少；实施正负激励不对等，影响激励效果。三是在改善实施效果方面还存在内部实施公平性不够理想的问题。对群体利益考虑过多，奖励与责任和压力不对等，存在激励"大锅饭"现象；激励的"官位化"导致了一些高层次专业技术人才难以有效发挥专业特长，造成一定程度的人才浪费。四是在环境氛围建设方面还存在软环境建设不足的问题。硬

---

[1] 原文发表于《管理观察》2020 年第 10 期。

件建设方面花的精力多、投入多，在激励氛围的软环境建设方面重视程度不够、投入不足；专业技术人员实现自身价值的空间和得到的尊严及认可体现不够。

一、激励需求调查分析

根据油田专业技术人员的实际情况，设计了现行激励机制的评价表和激励需求调查表，对专业技术人员的激励偏好进行比较分析，为激励机制的完善提供实证意义上的依据。

（一）相关的理论

国外学者有大量的关于人员激励方面的理论研究成果和应用实例。马斯洛的需要层次理论、奥尔德弗的ERG理论、麦克利兰的激励需要理论和赫茨伯格的双因素理论，都从人的需要角度研究人的需求与动机的内容对激励的影响；佛隆的期望理论、亚当斯的公平理论、波特和劳勒的激励过程模式，则从动机的形成和行为目标选择的角度对人的激励因素进行了分析与探讨。国内有大量学者研究科技人员的激励问题，从不同角度探讨直接物质激励制度、间接物质激励制度、精神激励制度的设计及效果分析。对科技人员激励因素的偏好问题，知识管理专家玛汉·坦姆仆研究中发现了影响知识工作者的4个激励因素并进行了排序：个体成长（33.74%）、工作自主（30.51%）、业务成就（26.69%）、金钱财富（7.07%）。杨春华通过对高科技企业的问卷调查，比较分析了中外知识员工的激励偏好，指出中国知识员工激励因素排在前四位的依次是"个体成长与发展""报酬""有挑战性和成就感的工作"和"公平"。

（二）调查方案设计

参考有关文献和相关实例，并结合油田实际，设计了调查表。调查表主要包括对现有激励机制的评价和激励需求两个方面（表4-1），并考虑不同年龄段、不同岗位、不同岗位职责的需求差异进行分类统计分析。

表 4-1 调查表设计

激励力度评价		按照足够、正常、不足3个等级评价
激励措施满意度评价		分为个人成长、业务成就、物质回报3类
激励需求调查	个人成长	包括岗位调整、职称晋升、专家晋级、培训深造、参与管理5个激励措施
	业务成就	包括口头表扬、尊重认可、成果获奖、荣誉称号4个激励措施
	物质回报	包括增加奖金、上调工资、增加福利3个激励措施

调查覆盖范围以油田专业技术人员较集中的科研院所、油田生产单位和专业技术公司中的技术研究与生产应用部门为主,包括5个研究设计院、1个医院、3个采油厂和3个专业公司,各单位调查覆盖各层次的样本数不少于100人。

（三）调查方案实施

本次调查共发出问卷1275份,回收问卷1029份,其中有效问卷1029份。被调查人员中研究院所和医院占69%,采油厂和专业公司占31%；从年龄结构看,35岁以下占37%,35~45岁占31%；45岁以上占32%；从岗位性质看,技术研发占41%,生产技术占36%,技术管理占23%；从岗位职责上看,负责人占19%,骨干人员占27%,一般技术人员占54%。调查结果汇总见表4-2和表4-3。

表 4-2 现有激励机制评价分类统计

项目内容		分类评价结果（%）								
		年龄段			岗位性质			岗位职责		
		35岁以下	35~45岁	45岁以上	技术研发	生产技术	技术管理	负责人	骨干人员	一般人员
现行激励评价	足够	16	11	8	15	12	7	10	10	14
	正常	44	51	42	48	41	51	48	41	47
	不足	40	38	50	37	47	42	43	49	39
最满意措施	个人成长	22	15	11	21	14	14	14	18	16
	业务成就	61	60	68	65	61	62	71	57	62
	物质回报	17	25	21	14	25	23	14	25	21

续表

项目内容		分类评价结果（%）								
		年龄段			岗位性质			岗位职责		
		35岁以下	35~45岁	45岁以上	技术研发	生产技术	技术管理	负责人	骨干人员	一般人员
最不满意措施	个人成长	17	13	16	11	20	14	10	20	15
	业务成就	32	39	36	33	34	42	37	38	34
	物质回报	50	48	47	55	46	43	53	43	51

表4-3 激励需求调查分类统计

项目内容		分类评价结果（%）								
		年龄段			岗位性质			岗位职责		
		35岁以下	35~45岁	45岁以上	技术研发	生产技术	技术管理	负责人	骨干人员	一般人员
个人成长	岗位调整	3	3	1	3	2	2	1	2	3
	职称晋升	11	6	8	9	8	9	7	8	10
	专家晋级	5	8	7	6	8	5	11	11	3
	培训深造	11	11	11	11	11	11	11	11	11
	参与管理	2	3	4	2	3	3	4	2	2
业务成就	口头表扬	1	2	1	1	1	1	1	1	1
	受到尊重	7	9	12	8	12	8	10	9	9
	科技奖励	16	14	15	19	11	15	17	15	14
	荣誉称号	8	6	4	6	6	6	7	5	6
物质回报	增加奖金	18	21	17	16	21	17	15	18	20
	上调工资	10	10	14	8	12	15	9	11	12
	增加福利	9	7	6	10	6	7	8	7	8

二、调查结果分析方法

（一）激励机制评价方法

出于分析评价的需要，提出了信心指数的概念，就是对某一措施评价的满意度和不满意度之比，反映受访者对现在执行的这项措施的认可程度，是对措施实施的信心评价指标。通过信心指数，可以计算出这项措施满意度

= 信心指数 /（信心指数 +1）。

按照满意度 20%、40%、60% 和 80% 为界限，对应的信心指数分别为 0.25、0.67、1.5 和 6，制定信心指数评价标准。信心指数为 0.25 ~ 0.67 时为严重不满意，0.67 ~ 1.5 时为不满意，1.50 ~ 6 时为满意，6 以上时为非常满意（表 4-4）。

表 4-4　信心指数评价标准

评价级别	信心指数	满意度（%）
非常满意	>6.00	>80
满意	1.50 ~ 6	60 ~ 80
不满意	0.67 ~ 1.5	40 ~ 60
严重不满意	0.25 ~ 0.67	20 ~ 40

根据表 4-2 调查结果计算个人成长、业务成就、物质回报 3 类激励措施的信心指数，根据评价标准给出信心指标评级（表 4-5）。信心指数最高的为业务成就激励，达到满意级别；个人成就类达到不满意级别；物质回报类评级最低，为严重不满意级别，说明下一步激励制度完善的重点是物质回报类，其次为个人成长类。

表 4-5　信心指数评级

信心指标评级	年龄段			岗位性质			岗位职责			均值
	35岁以下	35~45岁	45岁以上	技术研发	生产技术	技术管理	负责人	骨干人员	一般人员	
个人成长	1.29	1.15	0.69	1.91	0.70	1.00	1.40	0.90	1.07	1.12
评级	不满意	不满意	不满意	满意	不满意	不满意	不满意	不满意	不满意	不满意
业务成就	1.91	1.54	1.89	1.97	1.79	1.48	1.92	1.50	1.82	1.76
评级	满意	满意	满意	满意	满意	不满意	满意	满意	满意	满意
物质回报	0.34	0.52	0.45	0.25	0.54	0.53	0.26	0.58	0.41	0.43
评级	严重不满意	严重不满意	严重不满意	严重不满意	严重不满意	严重不满意	严重不满意	严重不满意	严重不满意	严重不满意

（二）激励需求评价方法

为了评价受访者对未来激励需求的预期，提出了期望指数的概念。首先根据表 4-3 激励需求的调查数据，在一类激励需求内计算每个措施的占比，反映同一类内受访者对不同措施期望程度的差异。不同类之间的差异矫正通过信心指数实现，每类中的激励需求具体措施占比与该类信心指数之比即为激励措施的期望指数。

按照期望指数 30%、60% 为界限，制定期望指数评价标准。期望指数小于 30% 时为低期望，30% ~ 60% 时为中期望，60% 以上时为高期望。

表 4-6 为期望评级结果，3 类共 12 个激励措施中，高期望措施只有增加奖金和上调工资 2 项，中期望只有增加福利和培训深造 2 项，其他 8 项为低期望。这个结果与信心指数的评价结论是一致的。

表 4-6 期望指数评级

激励方面	信心指数	激励因素	占比（%）	期望指数（%）	期望指数评级
个人成长	1.12	岗位调整	7.1	6.3	低期望
		职称晋升	27.0	24.1	低期望
		专家晋级	22.0	19.6	低期望
		培训深造	35.1	31.3	中期望
		参与管理	8.9	7.9	低期望
业务成就	1.76	口头表扬	3.5	2.0	低期望
		尊重认可	29.6	16.8	低期望
		科技奖励	47.9	27.2	低期望
		荣誉称号	19.0	10.8	低期望
物质激励	0.43	增加奖金	49.1	114.2	高期望
		上调工资	30.4	70.7	高期望
		增加福利	20.5	47.6	中期望

（三）调查统计分析结论

（1）对现行激励机制的评价总体是正面的，认为现行的激励机制达到了正常以上水平的人数占 57%（图 4-1）。对具体激励措施的评价有差异，最满意的激励措施主要集中在尊重认可和工作成就两个方面，占 63%；最不满意的激励措施集中在物质回报方面，占51%（图4-2）。

（2）激励需求不集中，12项因素中最高比例18%，最低1%，表明需求的多样性（图4-3、表4-2）。最高的4项按顺序分别为增加奖金、科技奖励、培训深造、上调工资，总计占55%，最低的口头表扬、岗位调整、参与管理3项一般低于3%，说明技术人员更关注物质激励和个人发展激励。

（3）不同的人群有不同的激励需求偏好（表4-3）。各类人群的需求偏好不集中，最高的不超过21%，最低1%。技术研发人员对科技奖励的需求最大；生产技术人员除奖金等需求外，还有被尊重和认可的需求；技术管理人员除工资奖金需求外，还有科技奖励的需求。不同年龄段人群的需求除工资奖金的增加外，35岁以下还偏重于职称晋升的需要，35~45岁人群还偏重于培训深造的需要。不同岗位职责人群的需求除工资奖金的需要外，负责人和骨干还偏重于培训深造的需要。

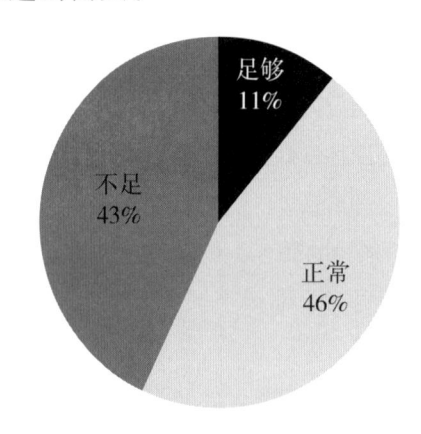

图4-1 激励力度评价统计

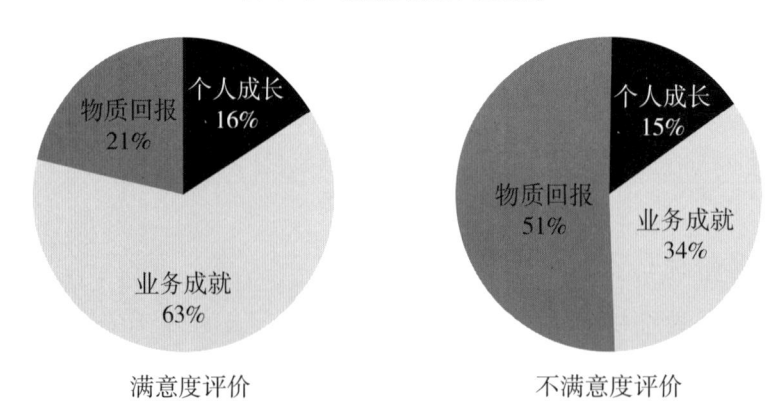

图4-2 现行激励机制满意度评价

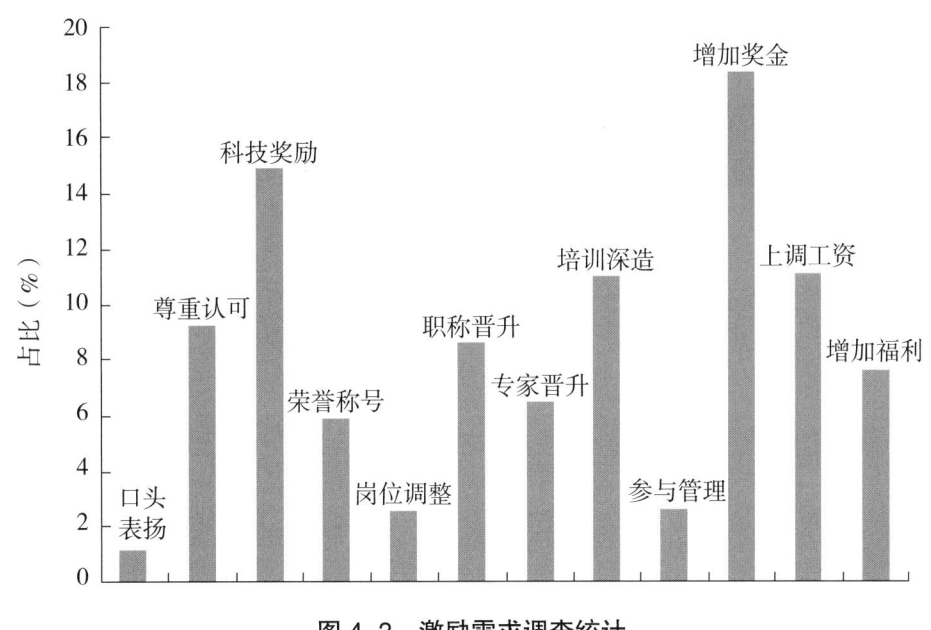

图 4-3 激励需求调查统计

三、优化激励制度设计应把握的原则和方向

进一步调动专业技术人员积极性的主要任务，就是紧紧围绕油田科技创新这个中心，坚持人才兴企的理念，把专业技术人员健康成长和充分发挥人才作用放在首要位置，营造激励人才干事业、支持人才干成事业、帮助人才干好事业的良好环境，提供有力的人才保障。要完成好这个中心任务，需要把握好两个原则和重点方向做好激励制度体系的优化。

(一) 正确处理好 4 个关系

（1）个人目标与组织目标的关系。满足专业技术人员的需求是调动其工作积极性、创造性的着力点。但对专业技术人员的激励不能仅仅注重满足其正当合理的需求，还要加强对其需求的引导，如赋予他们具有挑战性的工作，实现企业发展目标，认同企业的价值观等。

（2）物质激励与精神激励的关系。在重视物质激励的同时，更要注重精神激励。油田各级领导与专业技术人员之间，除了工作上互相配合、通力协作外，还要注重不断增强相互间的亲密感和信任感，努力营造一个团结、和睦的集体。还应鼓励专业技术人员参与管理，对重大问题的决策发表意见，形成合作性的关系。

（3）重点激励与普遍激励的关系。人力资源管理制度和政策要体现一致性，针对不同类别员工采取的激励措施要体现差异性；应把对核心技术人员和青年专业技术人员的激励作为重点考虑；对规模最大的一般专业技术人员群体，既要考虑和谐稳定的需要，还要体现岗位贡献，做实绩效考核。

（4）长期激励与短期激励的关系。要发挥企业的价值观、良好个人职业发展前景等长期激励作用，有竞争力的薪酬等短期激励作用，实现长期激励与短期激励的有机结合。

（二）关注不同人群的激励需求

前面的需求调查统计结果给了我们重要的启示：尽管需求呈多样性，但倾向性也很明显，薪酬激励仍然是最重要的激励措施；除此之外，科技奖励、深造培训、尊重和认可的需求也很突出，说明激励体系的建设应该是物质激励和非物质激励并重。要进一步完善科技奖励制度，最大限度地调动技术研发人员的积极性；对生产技术人员除做实绩效评价与奖金挂钩外，还要采取多种形式对他们的贡献给予尊重和认可；要为技术管理人员创造参与项目研究的机会，满足他们科技奖励的需求。不同年龄段人群的需求除增加薪酬外，35岁以下还偏重于职称的需要，35～45岁人群还偏重于深造培训的需要。不同岗位职责的人群的需求除增加薪酬外，骨干以上人员还偏重于深造培训的需要。对青年技术人员要解决好职称晋升方面的需求。

（三）优化激励制度的重点方向

（1）激励体系建设方面。配套完善核心人才的绩效评价方法，探索实行专业技术人员岗位津贴和贡献津贴制，实现贡献激励的沉淀；实行青年专业技术人员项目支持专项制度，建立青年人才评选奖励制度；建立专业技术成果命名制度；实行执业资格津贴制。

（2）激励措施完善方面。开辟多种渠道组织专业技术人员进修、培训；对生产技术人员采取多种形式对他们的贡献给予尊重和认可；鼓励技术管理人员参与相关技术研究项目。

（3）激励效果改进方面。对德才兼备能力突出的专业技术人员委以重任，支持参加国内外学术组织和学术会议；加强优秀专业技术人员定向培养；建立青年专业技术人员培养的职业导师制度。

（4）激励环境建设方面。吸收科技人员参加企业有关重大问题的决策；鼓励科技人员大胆创新，宽容失败；建立项目研发长效机制。

四、结论

通过实际调查结果评价分析，提出了信心指数和期望指数的概念，基于这两个指数建立了激励机制评价方法和激励需求评价方法。

明确了科技人员对激励需求倾向和激励制度设计的方向。科技人员的激励需求是多方面的，既有个人成就感的需要，还有对个人发展和物质获得方面的需求；科技人员各类群体对科技奖励、培训深造、增加奖金的需求比较一致；科技人员不同人群的激励需求存在差异性，在政策制定时要充分加以考虑。优化对科技人员的激励制度设计，应处理好个人与组织、物质与精神、重点与普遍、长期与短期的关系；解决好制度的差异性，满足不同人群的需要；要在激励制度的体系建设、措施完善、效果改进、环境建设等方面系统考虑。

第五篇　研发机构国际竞争力评价模型研究

研发机构制定科技发展战略，最重要的工作就是进行系统的对标分析。通过设定指标的筛选，确定几个各方面指标都比较突出的适合自己的模仿对象，分析优秀科研机构的特质，衡量本机构与优秀研发机构的差距，清晰自身的业绩差距和引起差距最主要的因素，这样可以帮助自身建立战略目标，根据差距分析指出的短板设计改进行动计划、实施办法以及监督衡量标准，持续推进实施。机构在减少与最佳案例的差距时，需时常用衡量标准来监测实施的有效性。目前，我国的企业研发机构瞄准国际先进科研机构、前沿技术方向进行自身建设是普遍趋势，本篇以油公司研究院为实例，研究企业研究机构的国际竞争力评价方法。

一、国际竞争力的定义

国际竞争力可以分为宏观层面（国家竞争力）、中观层面（产业竞争力）和微观层面的竞争力（企业竞争力）3个基本层次，研发机构竞争力就属于微观层面。关于企业竞争力，国际上有几个典型的定义。世界经济论坛认为，企业的国际竞争力是企业目前和未来在各自环境中拥有的比其国内外竞争者更具吸引力的价格、质量，以此设计、生产并销售货物以及提供服务的能力和机会。瑞士洛桑学院认为，一国或一个公司在世界市场上均衡地生产出比其竞争对手更多财富的能力。哈佛商学院认为，成本领先、差异化、目标集聚是企业获取竞争优势的主导战略，而企业价值链的差异以及产业进入与退出壁垒是企业产生竞争优势以及持续存在的主要因素。中国学术界和企业界提出，一个企业的国际竞争力由核心竞争力、基础竞争力和环境竞争力3部分组成，包括经济实力、国际化、政府管理、金融体系、基础设施、企业管理、科学技术和员工素质8个要素，而技术、人才就是硬核心竞争力所要达到的主要目标。关于高等院校竞争力，中国科学评价研究中心从2005年12月开始，利用《基本科学指标》（ESI）数据库［美国科学信息研究所（ISI）开发的专门收集和反映世界各国22个主要学科论文被引情况的权威工具］作为数据来源，对世界大学的科研竞争力评价进行了较为系统和深入的研究，提出了世界大学科研竞争力应该由科研生产力、科研影响力、科研创新力和科研发展力4部分构成，这4个指标重点考虑高水平论文数量和进入排行前列的学科数量的影响（表5-1），是纯学术性大学的评价方法。企业研发机构与研究型大学在科研选题上与产业和企业联系更紧密，在方向上更注重技术创新，人才培养上更注重应用创新型人才，管理上更注重产业化。以研发产出、人才培养等指标为切入点，调研国内外企业研发机构评价指标体系，统计了5类30项指标（图5-1），也反映了评价指标更加全面多元。

表5-1 世界大学科研竞争力指标体系

科研生产力	论文发表数	20%
	论文被引次数	25%
科研影响力	高被引论文数	25%
	进入排行学科数	5%
科研创新力	热门论文数	15%
科研发展力	高被引论文占有率	10%

二、企业科研机构竞争力评价"三力"指标体系的提出

为了更准确地评价企业研发机构的国际竞争力，研究提出了"三力"评价指标体系，即国际影响力、技术领导力和持续创新力3个指标。

（一）技术领导力 Tl（Technology leadership）

技术领导力是竞争力的最关键指标，反映研发机构的技术能力、技术水平，也是研发机构持续发展的最重要基础。主要有：技术标准、技术发明专利、核心技术软件著作权的数量，有形化的核心技术成果；有影响的学术专

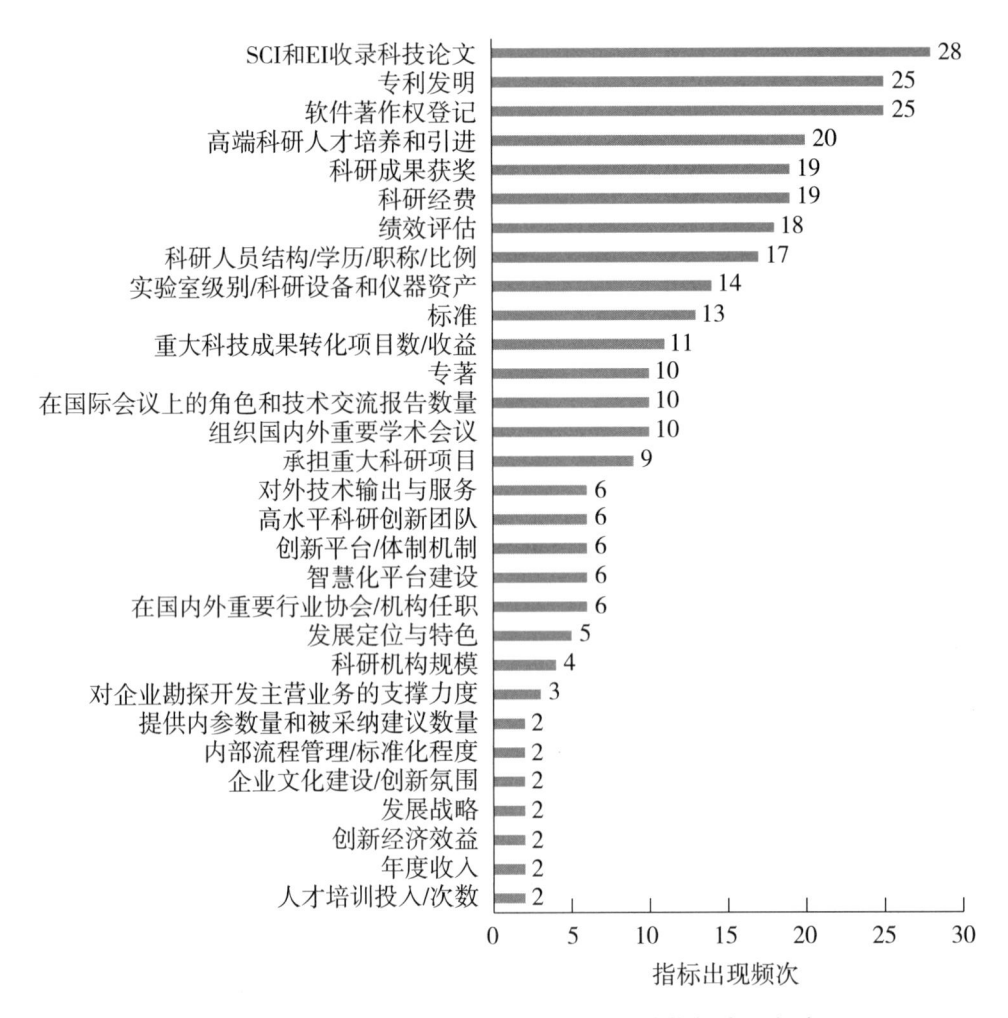

指标	频次
SCI和EI收录科技论文	28
专利发明	25
软件著作权登记	25
高端科研人才培养和引进	20
科研成果获奖	19
科研经费	19
绩效评估	18
科研人员结构/学历/职称/比例	17
实验室级别/科研设备和仪器资产	14
标准	13
重大科技成果转化项目数/收益	11
专著	10
在国际会议上的角色和技术交流报告数量	10
组织国内外重要学术会议	10
承担重大科研项目	9
对外技术输出与服务	6
高水平科研创新团队	6
创新平台/体制机制	6
智慧化平台建设	6
在国内外重要行业协会/机构任职	6
发展定位与特色	5
科研机构规模	4
对企业勘探开发主营业务的支撑力度	3
提供内参数量和被采纳建议数量	2
内部流程管理/标准化程度	2
企业文化建设/创新氛围	2
发展战略	2
创新经济效益	2
年度收入	2
人才培训投入/次数	2

图 5-1　国内外企业研发机构竞争力评价指标出现频次

据智立方、CNKI等中文文献库检索 2019—2000 年核心文章 187 篇统计而成

著、高水平的学术论文（SCI、EI 收录），反映研发机构的学术成果和对外学术影响力；学术成果在国内外获得高级别奖项，反映研发机构学术能力被认可的程度。

（二）国际影响力 Wi（World influence）

研发机构的国际影响力主要通过在国际学术组织、专业学术会议、国际技术市场竞争的情况得以体现。包括组织国内外学术会议级别和次数、在重要国际学术会议上担任的角色（评委会成员、分组负责人、主题发言人等）、在国内外学术机构（协会、学会）任职、参与国际项目中标情况等，也就是在国际学术组织有专家任职，国际会议有高水平论文宣读，在国际技术市场得到高水平项目。

（三）持续创新力 Is（sustainable Innovation）

持续创新力是研发机构保持生命力的重要指标，反映研发机构通过持续创新较长时间占据科学技术制高点的能力。主要有：具有高端研发能力的足够多的人才、支持高水平研发创新的重点实验室等平台、支撑科技创新的科技体制、足量的研发经费投入、研究与管理平台的智慧化程度等。

三、"三力"指标体系的确立

（一）优秀企业研发机构的特质分析

以油公司研发机构为对象，采取调研对比分析的方法找出国内外先进的研发机构体现核心竞争力的核心人才、研发平台、研发投入、体制机制等方面的特质。国际上调研了27个石油企业研发机构、世界各国的国立科研机构、知名大学的科研机构、知名咨询机构；国内调研了10个石油企业科研机构、中国科学院、一些双一流大学（表5-2）。对比分析发现，这些机构具有科研设备设施先进、研发投入大、雄厚的科研基础使企业保持强大的技术优势；十分重视核心人才队伍，保证了高水平和高转化率的科研成果；秉持开放创新的理念和灵活有效的制度机制保障；培养共同的价值观，企业和机构与员工共同发展等方面的共性特征（表5-3）。

表5-2 世界不同类型知名科研机构统计

机构类型		对标机构
国际石油企业研发机构	国际石油公司	雪佛龙、壳牌、BP、埃克森美孚、道达尔
	国家石油公司	俄罗斯天然气工业股份公司、俄罗斯石油公司
	国际油服公司	斯伦贝谢、哈里伯顿、贝克休斯
世界各国的国立科研机构	基础研究	德国马普协会、法国国家科研中心、日本理化学研究所、俄罗斯科学院、英国研究理事会所属研究机构、美国国立卫生研究院
	应用研究	日本产业技术综合研究所、德国弗劳恩霍夫学会、澳大利亚联邦科工组织
	大科学装置	美国能源部国家实验室、德国亥姆霍兹联合会、欧洲核子研究中心

续表

机构类型	对标机构	
世界知名大学及科研机构	美国洛克菲勒大学、英国剑桥大学、韩国先进科学技术研究院	
世界知名学术机构	美国国家科学院、英国皇家学会	
国内科研机构	石油企业	中国石油勘探开发研究院、中国石化石油勘探开发研究院、中海油研究总院、长庆油田研究院、新疆油田研究院、胜利油田研究院、华为、江苏省企业新型科研机构
	国立研究机构	中国科学院
	知名大学	双一流大学

表5-3　企业科研机构主要共性特征

要　素	共性特征
研发产出	科研基础雄厚（科研设备和装置先进、研发投入大，道达尔连续9年研发投入保持10亿美元）
	技术优势突出（拥有核心技术、科研产出质量高、成果转化率高）
人才培养	高端人才占比高、科研团队知名度高
组织管理	体制机制创新管理有力支撑发展需求（绩效评价体系）
开放合作	交流合作国际化、制度化
精神文化	使命和战略规划目标明确，契合企业发展目标

（二）指标参数的优选

以研发产出、人才培养等指标为切入点，调研国内外企业研发机构评价指标体系，统计研发产出、人才培养、组织管理、开发合作和精神文化5大类30项指标，在此基础上采取专家评价优选的方法，进一步优选因子、数量、均值和定性4类16项指标（表5-4）。

表5-4　国内外企业研发机构竞争力评价指标对比

序号	类　型	指　标
1	因子指标（F）	（F_1）专利发明
2		（F_2）科技论文
3	数量指标（M）	（M_1）组织和参加国际学术会议（人次）
4		（M_2）国内外重要学术机构任职（人）

续表

序号	类型	指标
5	数量指标（M）	（M_3）国家级实验室（个）
6		（M_4）战略性建议被采纳数量（个）
7		（M_5）国家级科研成果奖励（项）
8	均值指标（A）	（A_1）软件著作权（个/千人）
9		（A_2）学术专著（个/千人）
10		（A_3）技术标准（个/千人）
11		（A_4）科研经费（元/千人）
12		（A_5）高级专家占比（%）
13		（A_6）国际技术市场收益（%）
14	定性指标（Q）	（Q_1）信息化水平
15		（Q_2）体制机制的完备性和有效性
16		（Q_3）开放程度

（三）指标参数的确定

1.因子类指标（F）

1）发明专利收益指数（F_1）

发明专利是研发机构技术创新的关键指标。统计前3年获授权的发明专利并评估专利价值。对以无形的知识产权为主的专利，提出专利收益指数的概念，定义为计算期内所有发明专利收益总和与同期科研投入年度平均值之比。采用超额收益法进行发明专利价值评估。

第一步：评估每个专利的超额收益。

通过分析专利相关产品的收益变化评估知识产权的价值。

专利带来的溢价收益：$R_1=(P_2-P_1)\times Q_1$

专利带来的成本节省：$R_2=(C_2-C_1)\times Q_1$

专利带来的市场份额增加：$R_3=(Q_2-Q_1)\times(P_1-C_1)$

专利带来的总收益：$R=R_1+R_2+R_3$

式中，R_1、R_2、R_3、R分别为知识产权带来的溢价收益、成本节省收益、市场份额增加收益、总收益；P_2、P_1分别为知识产权被使用和未被使用的产品价格；C_2、C_1 分别为知识产权被使用和未被使用的产品单位成本；Q_2、Q_1 分别为知识产权被使用和未被使用的产品销量。

这里给出的成本、价格、销量总收益是前 3 年的年度平均值，总收益反映的是年度平均水平。

第二步：计算 3 年期所有发明专利的价值，得到全部专利收益总和 R_s。

第三步：统计同期科研投入总额，计算年度平均值 G_i。

第四步：计算专利收益指数 $F_1=R_s/G_i$。

2）科技论文影响因子（F_2）

借鉴对科技期刊影响因子的评价方法进行评估。统计研发机构前两年发表的科技论文被 SCI 和 EI 收录的数量 n；检索这些论文在当年的被引用次数 m；计算影响因子 $F_2=m/n$。

2. 数量类指标（M）

作为研发机构，在高水平学术平台上亮相、发声甚至自己搭建这样的平台，是重要的扩大学术影响力的途径。主要有 5 个指标。

组织和参加国际学术会议（M_1）：组织高级别学术会议数量，在有国际影响力的学术会议上担任会议召集人和评审专家的人数，主题报告数量，反映了国际学术界对研发机构学术水平和学术成果的认可。

国内外重要学术机构任职（M_2）：在世界各国权威学术机构担任职务的人数，反映机构专家的国际影响力。

国家级重点实验室（M_3）：重点实验室数量是衡量研发基础能力的重要指标。

战略性建议被采纳数量（M_4）：研发机构的成果、研究报告、咨询建议被国家和行业采纳的数量，反映机构在国内的影响力和认可度。

国家级科研成果奖励数量（M_5）：按近 3 年获得的国家级科学技术奖励数量计算，反映机构的科技创新能力。

3. 均值类指标（A）

在软件著作权（A_1）、学术专著（A_2）、国家技术标准（A_3）、科研经费

（A_4）等方面，采取千名研发人员拥有数量来计算。高级专家占比（A_5），按研发机构主要专业领域专家进入国际排名前200名的人数占研发人员总数的百分比计算。国际技术市场收益比（A_6），按近3年国际技术市场平均年度合同额与同期平均年度研发投入之比。

4. 定性类指标（Q）

在信息化水平、体制机制、开发创新方面采取定性评价。

1）研发机构信息化水平评价（Q_1）

国家信息化发展指数（IDI）是继国民生产总值之后反映信息时代国家综合实力的重要指标，有人形象地称为信息时代的"国家智商（NIQ）"，是由5个方面的12项指标综合测算出来的（表5-5）。

表5-5 国家信息产业发展指数

序号	分类指标	指　　标
1	基础设施指数	电话拥有率（部/百人）
2		电视拥有率（台/百人）
3		计算机拥有率（台/百人）
4	产业技术指数	人均电信产业值（元/人）
5		发明专利申请率（个/百万人）
6	应用消费指数	互联网普及率（户/百人）
7		人均信息消费额（元/人）
8	知识支撑指数	信息产业从业人数占比（%）
9		教育指数
10	发展效果指数	信息产业增加值比重（%）
11		信息产业研发经费占比（%）
12		人均国内生产总值（元/人）

借鉴国家信息化发展指数（IDI），构建了适合研发机构特点的信息化水平评价指标体系，主要包括3个方面9个指标（表5-6）。

表 5-6 信息化水平评价指标

序号	分类指标	指标
1	基础设施指数	计算机拥有率（台/百人）
2		科学计算能力［(CPU/GPU数量)/百人］
3		数据存储能力（Tb/百人）
4		应用软件系统拥有率（%）
5		信息化专业人数占比（%）
6	应用消费指数	互联网普及率（%）
7		人均信息消费额（元/人）
8	发展效果指数	人均信息化服务产值［元/(人·年)］
9		信息化建设投入占比（%）

基础设施指数：计算机拥有率为机构每百人拥有的个人计算机数量，反映个人计算机的普及程度；科学计算能力为机构每百人拥有的用于科学计算的 CPU/GPU 数量，反映用于复杂科学计算的大型计算机系统的计算能力；数据存储能力为机构每百人拥有的用于科学计算的存储空间（Tb），反映用于复杂科学计算的大型计算机系统的数据存储能力；应用软件系统拥有率为研发人员人均拥有的专业应用软件数量，反映软件应用水平；信息化专业人数占比为从事信息专业人数/研发人员总数，反映信息化专业技术人员的支持力度。

应用消费指数：互联网普及率为联入互联网的个人计算机数量/研发人员总数，反映互联网的普及程度；人均信息消费额 $A_c=(A_1+A_2+A_3)$/研发人员总数［其中，A_1、A_2、A_3 为研发机构内部的信息化服务产值，数据服务产值 $A_1=$ 年提供总数据量（P_b）× 价格（元/P_b），软件服务产值 $A_2=$ 年总在线使用时间（小时）× 价格（元/时），运维服务产值 $A_3=$ 个人计算机数量 × 价格（元/台）］，反映信息化服务对研发的支撑力度。

发展效果指数：人均信息化服务产值 $A_o=A_c+A_4$/研发人员总数（其中，

A_4 为应用信息技术为外部市场提供服务的产值,直接按年度市场服务合同额计算),即人均信息消费额与人均信息技术市场服务产值之和,反映信息化服务对研发机构经营的贡献;信息化投入占比为年度信息化建设投入/年度研发总投入,反映信息化研发经费的投入力度。

2)体制机制的完备性和有效性评价(Q_2)

研发机构的发展必须有健全、完善、有效的有利于研发创新的配套的体制机制,主要包括5个方面。

立项管理:主要评价科技项目立项程序对立项方向性和科学性的控制力度。

项目管理:主要评价对创新的促进程度、对过程的受控程度,以及管理的便捷性和效率。

人才管理:主要评价研发人才的引进、培养、使用制度的健全性、完善性和有效性。

考核激励:主要评价考核制度的完备性,以及配套激励的导向性、合理性。

成果转化:主要评价科技成果权属的明晰性、激发转化主体活力的力度、转化程序的顺畅性、收益分配的合理性。

3)开放程度(Q_3)

主要评价研发机构与国内外高端战略合作的力度、外部高端人才的利用率、国际化交流的力度。

四、国际竞争力评价方法

(一)"三力"评价模型

按照"三力"指标体系的定义对表5-4进行归集形成"三力"指标评价表(表5-7)。技术领导力(Tl)包括2个数量指标(M_4、M_5)、3个均值指标(A_1、A_2、A_3)、2个影响因子指标(F_1、F_2);国际影响力(Wi)包括2个数量指标(M_1、M_2)、1个均值指标(A_6);持续创新力(Is)包括1个数量指标(M_3)、2个均值指标(A_4、A_5)、3个定性指标(Q_1、Q_2、Q_3)。

表 5-7 国内外企业研发机构"三力"评价指标

序号	一级指标	二级指标
1	技术领导力（Tl）	（F_1）专利发明
2		（F_2）科技论文
3		（A_1）软件著作权（个/千人）
4		（A_2）学术专著（个/千人）
5		（A_3）技术标准（个/千人）
6		（M_4）战略性建议被采纳数量（个）
7		（M_5）国家级科研成果奖励（项）
8	国际影响力（Wi）	（M_1）组织和参加国际学术会议（人次）
9		（M_2）国内外重要学术机构任职（人）
10		（A_6）国际技术市场收益（%）
11	持续创新力（Is）	（M_3）国家级实验室（个）
12		（A_4）科研经费（元/千人）
13		（A_5）高级专家占比（%）
14		（Q_1）信息化水平
15		（Q_2）体制机制的完备性和有效性
16		（Q_3）开放程度

（二）"三力"模型的国际竞争力评价方法

根据"三力"评价指标，采用综合评价方法评价研发机构的国际竞争力，可以采取两个评价方法。

1. 标准评价法

基本思路就是通过优秀研发机构的特质分析建立国际竞争力"三力"达标标准，用这个标准对其他机构进行比较得到评价结果，直接反映其他机构与优秀机构标准的差距。

第一步：根据优秀企业研发机构的特质调研分析建立国际竞争力"三力"达标标准。

第二步：建立对标研发机构的"三力"评价指标值与达标标准比较的评价标尺，定量指标和定性指标都按照达标标准的百分比计值。

第三步：计算对标研发机构的"三力"二级指标评价值。

第四步：根据评价标尺计算二级指标的对标评估值。

第五步：采取专家评分的办法确定每个一级指标的权重，同样方法确定每个一级指标中二级指标的权重（参照本书第十三篇）。

第六步：根据二级指标的对标评价值与相应的权重乘积求和计算相应一级指标的对标评价值。

第七步：每个一级指标的对标评价值与相应的权重乘积求和计算研发机构国际竞争力的评价值。

2.对标评价法

这是一种对标机构之间主要指标的相对比较方法，基本思路根据对标机构国优选的评价指标建立相应的评价标准，用于度量对标机构间的各项指标和整体相对差距。

第一步：建立对标机构评价指标和指标评价标准（百分制）。

第二步：计算对标研发机构的"三力"二级指标评价值。

第三步：根据评价标准计算二级指标的对标评估值。

第四步：采取专家评分的办法确定每个一级指标的权重，同样方法确定每个一级指标中二级指标的权重（参照"第十三篇 全面绩效考核"部分）。

第五步：根据二级指标的对标评价值与相应的权重乘积求和计算相应一级指标的对标评价值。

第六步：每个一级指标的对标评价值与相应的权重乘积求和计算对标机构的相对评价值。

3.国际竞争力评价方法的应用

标准评价法得到的是研发机构与先进机构标准差距的度量，主要用于国际竞争力评价分析；对标评价法得到的是平行研发机构差距的相对性度量，主要用于平行机构的对标分析。都可以作为制定研发机构国际化战略的依据，明确自身的发展短板，制定针对性的措施进行持续改进（对标—找差距—调整战略—战略实施—实施效果评估—下一轮对标）。

将企业研发机构的国际竞争力对标分析结果作为制定研发机构国际化战略的依据；通过对标评估明确自身的发展短板，有利于制定针对性的改进措施，进行持续改进（对标—找差距—调整战略—战略实施—实施效果评估—下一轮对标）。

五、对标分析应用实例

应用"三力"模型评价方法对大庆油田勘探开发研究院（以下简称"大庆研究院"）进行了对标评估分析。

（一）对标机构的选择

考虑到相关资料的获取情况，选择中国油公司企业研究院作为同行业对标的对象，重点考虑机构的性质和主要业务领域相近，国际交流合作范围广，科研成果数量多、质量高，高端人才队伍资源丰富，科研条件完善。主要包括中国石油勘探开发研究院、中国石油长庆油田勘探开发研究院、中国石油新疆油田勘探开发研究院、中国石化勘探开发研究院和中国石化胜利油田勘探开发研究院5家国内同行研发机构。根据资料获取的情况，最后选择资料较多的两个高级别机构为中国石化勘探开发研究院（以下简称"中石化总院"）、中国石油勘探开发研究院（以下简称"中石油总院"）；两个平行机构为中国石油长庆油田研究院（以下简称"长庆研究院"）、中国石油新疆油田研究院（以下简称"新疆研究院"）4家作为对标机构重点剖析。对标机构资料主要来自官方函件交流、官网数据、权威报告等。针对各机构形成了调研模板，报告内容、表格、图件做到了标准化和规范化。

（二）"三力"评价模型设计

采用研发机构国际竞争力评价模型研究的思路和方法，并根据油公司研究院的业务特点，对指标体系进行了优化细化形成评价模型，包括技术领导力、国际影响力、持续创新力评价3个一级指标、17个二级指标，并根据对标需要增加了28个三级指标（表5-8）。

表 5-8　油公司研究院国际竞争力评价模型

一级	二级	三级	权重(%)	赋值标准			
				0分	1~69分	70分（均值）	71~99分	100分
A技术领导力	A1 对油公司核心业务的支撑力度	A1.1决策建议采纳率	6	没有	1~11份	12份	13~24份	25份以上
		A1.2科技贡献率	6	没有	30%以下	30%	31%~59%	60%以上
		A1.3油气储量完成率	1	没有	95%以下	95%	96%~99%	100%
		A1.4综合探井成功率	1	没有	25%以下	25%	25%~30%	30%以上
		A1.5生产方案及时率	1	没有	95%以下	95%	96%~99%	100%
		A1.6产能到位率（%）	1	没有	70%以下	70%	71%~74%	75%
	A2 科研投入力度	A2.1年度人均科研投入	4	没有	19万以下	20万~29万	30万~50万	50万
		A2.2研发经费配比	6	没有	不合理	比较合理	合理	非常合理
	A3 科研地位	A3.1千人承担重大科技项目数量	4	没有	19项以下	20项	21~29项	30项以上
		A3.2千人获奖项目数	4	没有	5项以下	5项	6~9项	10项以上
	A4 科技成果有形化	A4.1千人拥有标准数量	4	没有	5项以下	5项	6~9项	10项
		A4.2千人拥有专著数量	4	没有	5部以下	5部	6~9部	10部
		A4.3千人拥有发明专利数量	3	没有	10项以下	10~15项	16~29项	30项以上
		A4.4千人拥有软件著作权数量	3	没有	10项以下	10项	11~24项	25项以上
		A4.5千人拥有高水平论文数量	3	没有	20篇以下	20篇	21~39篇	40篇以上
	A5 科技成果应用率	A5.1科技成果推广率	4	没有	95%以下	95%	96%~99%	100%
B国际影响力	B1国际学术影响	B1.1国际会议任职、受邀报告和参会人次	5	没有	层次低/1~2人	参会/3人	受邀报告/4~9人	任职/10人以上
	B2专家学术地位	B2.1学术机构任职角色和人数	6	没有	层次低/1~9人	层次较高/10~15人	层次高/16~29人	层次很高/30人以上
	B3人才激励力度	B3.1人才激励机制支撑力度	2	没有	不强	比较强	强	非常强
	B4高端人才	B4.1拥有教授级高工、博士以上专家数量	3	没有	1~19人	20人	21~39人	40人以上

续表

一级	二级	三级	权重(%)	赋值标准			
				0分	1~69分	70分（均值）	71~99分	100分
C持续创新力	C1管理机制完备性	C1.1科技管理机制健全程度	4	没有	不健全	比较健全	健全	非常健全
	C2管理制度效力	C2.1科技管理流程规范高效程度	4	没有	不高效	比较高效	高效	非常高效
	C3管理平台智慧化	C3.1管理平台的数字化、智能化、智慧化程度	4	没有	不先进	比较先进	先进	非常先进
	C4高端学术交流	C4.1组织重要学术会议的级别和次数	3	没有	级别低/1~2次	级别较高/3~4次	级别高/5~9次	级别很高/10次以上
	C5高水平实验室	C5.1重点实验室数量	6	没有	1~2个	3个	4~9个	10个以上
	C6高端合作	C6.1高端战略合作的层次和数量	4	没有	层次低/1~2次	层次较高/3次	层次高/4~9次	层次很高/10次以上
	C7技术市场影响力	C7.1人均国内外技术服务产值	2	没有	0~1万	1万~5万	5万~10万	10万以上
	C8高端人才交流	C8.1高端人才的引进、外派层次和数量	2	没有	层次低/1~2人	层次较高/3人	层次高/4~9人	层次很高/10人以上

（三）评价流程

1.指标权重的确定

评价模型中各项指标的含义不同，为了增加各项指标之间的可对比性，需要建立赋值标准对各项指标进行百分制打分，实现数据无量纲化、标准化定量评价。根据对各级专家、管理人员、项目负责人的调查问卷，统计分析确定28个三级指标的权重（表5-8）。每个二级指标权重根据包含的三级指标权重和确定；技术领导力、国际影响力和持续创新力3个一级指标权重根据包含的二级指标权重和确定，分别为55%、16%和29%。

2.指标评价标准的确定及机构指标赋值

根据德尔菲法、主成分分析法等,结合对标机构各项指标平均值,确定各项指标的评价标准(百分制),分成0分、1~69分、70分、71~99分、100分共5档,70分代表平均水平(标准值)。根据大庆研究院及4个对标机构的指标值对照评价标准确定28个三级指标评价值(表5-8)。

3.机构国际竞争力评价结果

根据28个三级指标评价值与相应权重乘积的和获得3个一级指标的评价值,3个指标的和即为竞争力对标评价值(表5-9)。

表5-9 机构国际竞争力评价

指标类型	大庆研究院	长庆研究院	新疆研究院	中石油总院	中石化总院
技术领导力	29.54	34.84	33.64	36.74	35.55
国际影响力	11.22	9.46	8.94	13.35	12.67
持续创新力	5.36	5.06	3.85	7.12	6.41
竞争力对标评价	46.12	49.36	46.43	57.21	54.63

(四)对标结果

根据对标评价结果分析,大庆研究院与新疆研究院和长庆研究院两家平行研究机构在各方面的水平相当;与中石油总院和中石化总院等高级研发机构的差距较大,特别是持续创新力方面差距明显(图5-2)。把28项三级指标按照3个类别进行分类,具有优势的指标有4个,实力相当的有13个,需要赶超指标有19个,明确了自身的优势和需要进一步赶超的方向(表5-10)。

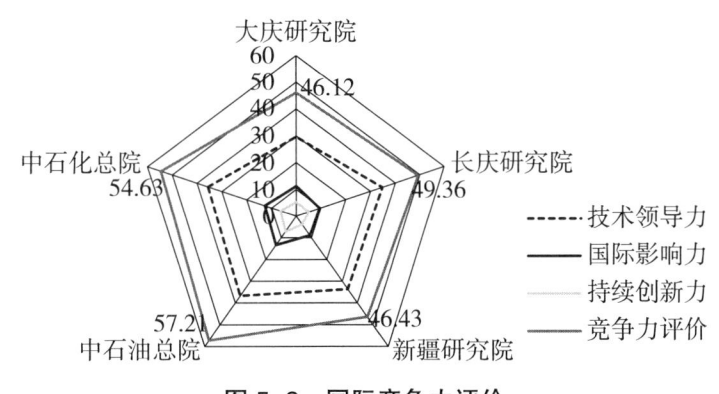

图5-2 国际竞争力评价

表 5-10　对标结果

一级指标	对标机构	对标结果	二级指标数量（个）
技术领导力	平行机构	具有优势	2
		实力相当	6
	高级别机构	需要赶超	9
国际影响力	平行机构	具有优势	1
		实力相当	3
	高级别机构	需要赶超	4
持续创新力	平行机构	具有优势	1
		实力相当	4
	高级别机构	需要赶超	6

六、结论

针对企业研发机构的特点，创新提出了可以有效评价竞争力和战略机构对标的技术领导力、国际影响力和持续创新力3个指标；形成了指标体系和国际竞争力评价模型；研究提出了用于国际竞争力评价分析的标准评价法和用于平行机构对标分析的对标评价法。在大庆油田研究院全面应用，证明了国际竞争力评价方法的有效性，可以为支撑战略管理、发展规划工作提供重要基础。

第六篇　特定技术方向的溯源式前沿跟踪方法研究

对于从事技术研发工作的科技人员，必须前瞻性地把握科技发展趋势与演变路径，充分了解和借鉴本领域和研究方向上主要的研究路线和取得的进展，这也是当下科技情报工作所面临的巨大挑战。传统的科技情报信息获取模式多数是针对某一特定类型信息或某一特定领域信息的获取，以一次文献及多次加工文献信息作为主要对象，以一次性的调研方式为主。在当前全球正在迎来新一轮的科技与产业革命，颠覆性技术不断创造出新产品、新需求、新业态的大背景下，科技情报信息工作必须进行创新，特别是获取模式要从关注信息本身向全面感知和把握知识创造的源头转变，构建支撑科技前沿跟踪情报工作的信息源体系。这就需要按照技术方向来跟踪以解决跟踪目标聚焦的问题；需要关注产生创新的机构和专家以解决知识创造源头问题；需要通过建立标准化方法和工具以解决持续跟踪的成本问题，溯源式技术前沿跟踪分析方法就是要实现这些目标。以石油勘探开发科技前沿跟踪信息评价为实例，探索针对特定技术方向的溯源式前沿跟踪研究的方法和实现路径。

一、溯源式前沿跟踪方法的基本思路

溯源式技术前沿跟踪方法的核心就是把主要关注对象从信息本身转变为作为创新主体的机构和专家，通过对处于前沿领域发挥引领作用的专家和机构的持续跟踪，对前沿技术的发展、演进全面掌控，并通过学习、借鉴、完善，直至在此基础上创新，跟上本领域技术发展第一梯队的脚步，逐步实现弯道超车，引领技术发展。

溯源式技术前沿跟踪方法的主要思路：以作为创新主体的专家和机构为

主要目标，以专业技术系列为基础，以专业核心技术领域为目标范围，通过该领域近5年在核心学术期刊、高水平学术会议上发表的高被引率的论文、学术专著、专利等文献，确定这些领域的领军人物和权威机构的排名，确定需要持续跟踪的专家和机构；在此基础上收集和跟踪这些专家和机构近年公开发表的文献与成果，构建核心技术专家和机构信息库，持续研究技术发展脉络；持续跟踪这些专家和机构的学术活动，持续完善信息库，为科技项目开题立项和研发活动提供情报信息支撑。

二、特定技术方向的溯源式前沿跟踪方法的流程

特定技术方向的溯源式技术前沿跟踪方法的实现流程共分为6个步骤（图6-1）。

```
1. 优选信息库
    ↓
2. 确定特定技术方向
    ↓
3. 特定技术相关文献筛选
    ↓
4. 作者排名量化指标计算和关联专家筛选
    ↓
5. 机构排名量化指标计算和关联机构筛选
    ↓
6. 建立专家和机构信息库
```

图6-1 溯源式技术前沿跟踪流程图

第一步：优选信息库。

科技信息库是技术前沿跟踪最重要的信息来源，也是科技人员进行技术调研检索的基础。国内外的科技信息库有很多，既有信息重复的问题，也有收录的信息水平参差不齐的问题，这就需要去粗取精、去伪存真的精选，还需要尽量减少重复，提高使用效率。要求信息库涵盖的专业技术领域信息齐全、准确、权威，检索功能强大，力求在满足需要的条件下用最精简的库、最权威的库，提高效率和效益；还要考虑跟踪评价非常关键的引文功能，满

足溯源式追踪的需要。

第二步：确定特定技术方向。

确定特定技术方向直接关系到检索的聚焦程度，影响效率和效益。一般情况下采取 3 个层次的设定。第一层次为技术领域，属于某个行业的一个核心业务范畴；第二层次为特定技术领域的主要技术方向；第三个层次为主要技术方向中的核心技术。从领域找方向，由方向定技术。在确定特定技术时首先要解决的关键问题就是与国外相关技术名称和内涵存在差异的问题，可以按照技术内涵相同原则将中文技术名称与核心国际受控词库同等概念内涵匹配筛选，建立规范的技术名称主题词库，可有效防止漏检误差，提高查全率和查准率，确保专家和权威机构排名参数获取的精准性。

第三步：特定技术相关文献筛选。

通常把第二层次的特定技术方向作为主要的跟踪方向，通过优选的信息库对其相关文献进行筛选。为了跟踪最新的前沿技术进展，将文献的发布年限限定为近 5 年（特定需要可以延长或缩短）。按特定技术方向进行相关文献检索，将检索到的文献按照被引频次从多到少排序，文献数量限定在 500 篇（特定需要可以增加或减少）。

第四步：作者排名量化指标计算和关联专家筛选。

筛选出这些文献的作者就是初步选定的关联专家。进一步要确定关联作者排名，既要考虑文献数量，还要考虑更能反映作者本人在相关技术领域影响力的作者文献被引频次，并为其赋予更大权重，二者的权重分别设定为 40% 和 60%。为了便于比较，对选定作者的文献数量和被引用频次按照最大值分别进行归一化处理。"归一化的文献数量值 ×100×40%"与"归一化的被引用频次 ×100×60%"之和为作者排名量化指标。

作者的排名量化指标按照由大到小排序计算得到关联作者排名。在此基础上进一步划定文献数量、被引频次及权威期刊和国际会议的论文数量等专家标准，在高排名的作者中最终确定本领域需持续跟踪的专家。

第五步：机构排名量化指标计算和关联机构筛选。

按同样的方法，由第三步筛选出相关的文献，确定关联作者所在的机构就是初步选定的关联机构，进行关联机构排名量化指标计算和排名。与关联作者排名有差异的是，关联机构排名时除了要考虑机构在相关领域的文献数量和被引频次，还要考虑该机构在排名靠前的作者的数量，可以设定专家人数、文献数量和被引频次权重分别为40%、30%和30%。在此基础上进一步划定高水平机构的评价标准，在高排名的机构中最终确定本技术方向上需持续跟踪的权威机构。

第六步：建立专家和机构信息库。

以特定技术方向的专家和权威机构的筛选为基础，建立特定技术方向核心专家和权威机构数据库为对标与检索的载体，对关注领域全世界范围内的主要技术、权威专家和机构、最新研究成果和前沿发展方向等进行文献收集整理、分析总结。这个数据库拥有齐全、权威的核心技术领域相关文献、权威专家和机构信息，并保持快速更新，可以实现在线查阅、分析、综述报告生成功能，为科研人员提供梳理技术发展脉络、了解国内外前沿科技动态、跟踪相关专家和机构研究成果的研究平台。

三、石油和天然气勘探开发前沿技术跟踪应用实例

在石油和天然气勘探开发领域采用特定技术方向的溯源式前沿跟踪方法进行前沿技术跟踪的实际应用。

（一）应用信息库的优选

1. 国外数据库比较

通过对EI等5个外文库的反复试用和对比，从数据库检索功能和引文功能看，OnePetro库无论是检索功能还是引文功能都无法满足需要，SEG库侧重地球物理领域，可作为地球物理相关专项技术的辅助数据库，外文库重点锁定在SCOPUS库、EI库和SCI库（表6-1）。从数据库收录情况看，SCOPUS库是目前全球最大的文摘和引文数据库，石油类文献收录最全且引文功能十分强大；EI库检索功能最规范、最具权威性，是其他数据库无法取代的；SCI库是Web of Science的子库，收录的石油类文献过少，选出的专家和机构覆盖面小（表6-2）。

表 6-1 数据库功能对比

数据库	优点	缺点
SCOPUS	（1）引文功能强，作者相关信息比EI多，可查文献"被引用频次""作者H-index"等信息； （2）可按"第一作者"检索； （3）有作者辨识功能，每个作者有唯一的ID号，重复出现的比率比EI低	（1）检索规范性比EI差，无法用主题词表检索，检索结果的精度比EI差； （2）作者辨识功能不够完善，部分重名作者的"被引频次"等信息统计有误，需手工核实
EI	（1）检索规范，可按关键词、题目、作者、单位等多个检索项进行精细检索，检索结果准确度高； （2）权威性高、知名度高	（1）无引文信息，侧重工程领域，无法查文献的"被引频次""H-index"； （2）无法按"第一作者"检索； （3）作者辨识功能较差，无作者ID号
SCI	权威性高、知名度高	石油类期刊数量少
OnePetro	检索范围广，包括27类核心石油期刊和18个权威石油组织/协会	（1）无法精细检索，无"题目""关键词"等检索项； （2）无引文信息，第一作者文献统计、被引用频次等作者相关信息指标的检索功能不够
SEG	（1）可统计文献发表时间、作者、机构、文章类型； （2）可查看具体文章摘要、参考文献和全文； （3）检索功能较全面，可按关键词、题目、作者、作者单位进行精细查询	（1）检索范围较窄，仅包括4类会议、5种期刊和3家协会，主题限于地球物理勘探； （2）无法查询作者相关信息，功能方面不如SCOPUS全面

表 6-2 SCOPUS、SCI、EI 库石油类文献收录情况对比

对比项	SCOPUS	EI	Web of Science（SCI）
文献收录情况	可追溯至1823年 文献来源2.1万种 5400万条记录 650万条会议记录 7亿多条引用文献 数据每日更新 非整刊收录	可追溯至1884年 文献来源0.56万种 1700万条记录（>1970） 570万条会议记录 引用文献来自SCOPUS 数据每周更新 非整刊收录	可追溯至1915年前 文献来源约1.2万种 5400万条记录 650万条会议记录 7.6亿条引用文献 数据每周更新 整刊收录
文献类型	会议论文、期刊论文、会议综述、综述、在编文章、勘误文章、书籍、书籍章节、社论、商业出版物文章	期刊论文、会议论文、会议记录、在编文章、专题论文、学位论文、技术报告、专题综述	论文、综述、书目、新闻、传记、书评、修订

2. 中文数据库比较

国内石油科技信息库应用比较广的主要有 CNKI 和维普智立方。试用和比较两个库部分石油类文献收录情况，维普智立方的收录文献范围更广一些，但由于收录文献档次参差不齐，权威性差一些；引文功能要强一些。CNKI 的石油类文献收录范围和权威性更为适合用于专家和机构的筛选，但引文功能要弱一些（图 6-2）。

CNKI 收录的石油天然气行业期刊（85种）

期刊名称	主办单位	复合影响因子	综合影响因子	被引次数
石油勘探与开发[1]	中国石油天然气股份有限公司勘探开发研究院	4.478	3.859	78438
石油与天然气地质[1]	中国石油化工股份有限公司石油勘探开发研究院；中国地质学会石油地质专业委员会	3.081	2.732	48611
石油学报	中国石油学会	3.234	2.635	77587
断块油气田[1]	中原石油勘探局	2.652	2.467	21027
石油实验地质[1]	中国石化石油勘探开发研究院；中国地质学会石油地质专业委员会	2.496	2.206	31984
天然气工业[1][2]	四川石油管理局；中国石油西南油气田；川庆钻探工程有限公司	2.069	1.76	77638
中国石油勘探	石油工业出版社	1.903	1.76	11118
油气地质与采收率[1]	中国石油化工股份有限公司；胜利油田分公司	1.903	1.73	28823
石油钻探技术[1]	中国石化集团石油工程技术研究院	1.797	1.63	21785
石油地球物理勘探[1][2]	东方地球物理勘探有限公司	1.733	1.401	39954
西南石油大学学报（自然科学版）[1]	西南石油大学	1.711	1.398	30111
天然气地球科学[1][2]	中国科学院资源环境科学信息中心	1.569	1.286	23533
岩性油气藏[1]	中国石油集团西北地质研究所；甘肃省石油学会	1.445	1.083	8813
天然气与石油[1]	中国石油集团工程设计有限责任公司西南分公司	1.197	1.073	7643
大庆石油地质与开发[1]	大庆油田有限责任公司	1.095	1.023	31643
中国海上油气[1]	中海石油研究中心	1.167	1	15317
新疆石油地质[1][2]	新疆石油学会	1.116	0.995	29998
特种油气藏[1]	辽河石油分公司	1.119	0.943	20976
西安石油大学学报（自然科学版）[1]	西安石油大学	1.238	0.926	19586

维普智立方收录的石油天然气行业期刊（230种）

- 安庆石化
- 北京石油管理干部学院学报
- 渤海石油地质情报
- 北京石油化工学院学报
- 采油工程
- 长庆石油物探
- 测井科技
- 测井技术
- 测井技术信息
- 测井译丛
- 测井与射孔
- 采油工艺情报
- 重庆科技学院学报：自然科学.
- 承德石油高等专科学校学报
- 重庆石油高等专科学校学报
- 催化裂化
- 催化重整通讯
- 大庆石油地质与开发
- 断块油气田
- 低渗透油气田
- 东北石油大学学报
- 大庆石油学院学报
- 抚顺石油学院学报
- 抚顺石油化工研究院报
- 国外石油动态
- 国外油气信息
- 国外油气科技
- 国外油气地质信息
- 国外油气勘探
- 国外钻井技术
- 国外测井技术
- 国外油田工程
- 国内外石油化工快报
- 国内石油化工快报
- 国外石油化工快报
- 广石化科技信息

图 6-2　CNKI 与维普智立方的石油类文献收录情况对比
①优先出版；②独家授权

3. 应用信息库优选

从石油类文献收录数量上看,外文库中SCOPUS库收录最全,其次是EI库,最少的是SCI库;中文库中维普智立方的收录范围比CNKI更广。从石油类文献收录时间段长度上看,SCOPUS库与EI库收录时间段基本相同;中文库维普智立方与CNKI收录时间段基本相同。从检索功能看,无论是检索规范性还是检索结果的精度,EI库都强于SCOPUS库;中文库CNKI的检索功能优于维普智立方。从引文功能看,EI则不如SCOPUS强大;CNKI也不如维普智立方强大。对比分析的结果表明,7个数据库功能上各有优劣,没有一个库能完全满足需要,为了兼顾"查全"与"查准",外文库用SCOPUS和EI配合使用,中文库CNKI和维普智立方配合使用。

(二)确定特定技术方向

以油气勘探开发相关专项技术为基础,按照国内通用的名称筛选出勘探和开发方面7个技术领域的27个技术方向;将中文技术名称与EI受控词库同等概念内涵匹配筛选,对技术方向名称进行修改和完善,最后形成25个技术方向,既符合国内习惯,又兼顾与国际名称一致,可以保证数据库后续技术检索和信息建库的内容精准和完整(表6-3)。

表6-3 专项技术系列

序号	项目	技术领域	技术方向(国内原名称)	技术方向(国内外匹配后)
1	勘探	油气勘探地质	古生物与地质	古生物地层学
2			复杂断块含油气系统与油气成藏	断陷盆地油气成藏
3			沉积与层序地层	沉积学
4				地层学
5			构造地质	构造地质
6		油气勘探评价	(隐蔽油藏)圈闭评价	岩性地层圈闭评价
7			储层评价	低渗透储层评价
8			盆地分析	盆地分析
9			油气与烃源岩评价	
10		油气试验地质		岩石评价
11			岩石矿物分析	岩石矿物分析
12			油藏及井筒地球化学	有机地球化学

续表

序号	项目	技术领域	技术方向（国内原名称）	技术方向（国内外匹配后）
13	开发	油气藏地质	油气藏储层评价	油气藏储层评价
14			油气藏地质力学	储层地质力学
15			地质建模	地质建模
16			岩心分析	岩心分析
17		油气藏工程	水平井	水平井
18			油气藏改造	油藏工程和物理分析
19			剩余油评价	剩余油评价
20			页岩/低渗透油藏	
21		提高采收率		注气（CO_2）
22			微生物采油	微生物工业应用技术
23			聚合物驱	聚合物驱
24			复合驱	化学驱
25		油气渗流物理	数值模拟	数值模拟
26			渗流理论	渗流理论
27			试井分析	试井分析

（三）关联作者排名指标优选

兼顾文献数量和质量，从SCOPUS、EI、维普智立方和CNKI 4个数据库中提取了8项指标。通过综合对比分析各项指标对作者排名的影响，优选"第一作者文献数量""某技术方向文献数量""某技术方向文献被引频次"3项指标做进一步研究（表6-4）。对这3项指标赋予不同的权重，反复试验并调整权重，测试指标的敏感性。

通过"第一作者发表的文献数量"和"某技术方向文献数量"指标，可以找出高产出的作者与机构。利用SCOPUS数据库对水平井领域的作者进行了检索，并统计了发表文献数量排名前列的主要作者与机构（图6-3）。利用"某技术领域内文献的被引频次"指标，可以找出高引用作者和机构。统计了引用频次较高的前500篇文献（被引频次≥8）的主要作者与机构（图6-4）。

表6-4 影响作者排名的八项指标分析

序号	8项指标	指标分析	指标优选
1	作者总文献数量	文献数量多的可达数百篇，既包括作者对其主要研究领域发表的文献，也包括与其他领域作者合作的文献，后者无法准确体现该作者在本领域内的影响力	这3项指标可以体现作者的综合影响力。对这些指标赋予一定的百分比对作者打分，并结合前几名作者的文献分析，结果发现名列前茅的作者未必是本领域内的权威专家。也就是说，这3个指标无法准确体现作者在某特定领域的影响力，有时甚至起干扰作用，因此在排名公式中未选用
2	总被引频次	作者总文献的引用情况，少以个数计，多则上千，差值范围过大	
3	作者总影响因子（H-index，H指数）	H指数能够比较准确地反映一个人的学术成就。一个人的H指数越高，则表明他的论文影响力越大。"作者总影响因子"是基于作者总文献数量计算得出的	
4	第一作者文献数量	是体现作者权威性的重要指标	这3项指标可更准确地反映作者在本领域内的影响力，优选这3项指标研究排名公式
5	某技术方向文献数量	该指标针对性较强，具有很强的代表性，是体现作者在本领域权威性的重要指标	
6	某技术方向文献被引频次	在某领域内所发表文献的被引用情况	
7	技术方向文献影响因子（H-index）	这是一个可体现作者发文质量的指标，是基于作者在某特定领域内发表的文献数量计算得出的。更能代表作者在本领域内的影响力。但这是一个压缩值，基数较小，与前3项指标不在一个数量级	排名公式中未被选用，而是用"技术方向被引频次"来体现作者文献的质量
8	历年引文频次	体现作者历年发表文献的质量及影响力	在排名公式中未被选用，但同等情况下可作为参考项

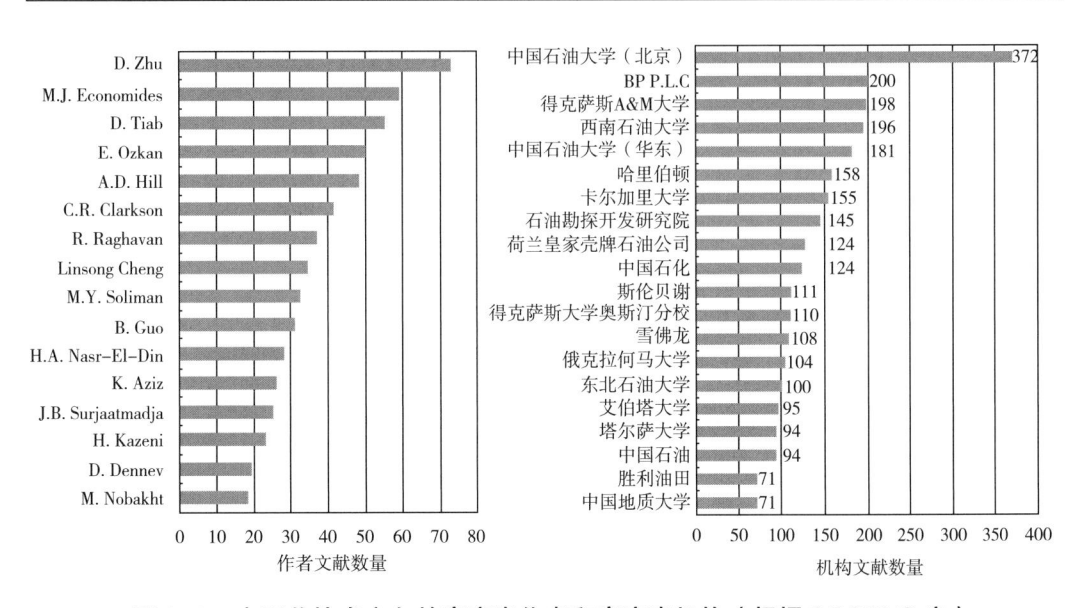

图6-3 水平井技术方向的高产出作者和高产出机构（根据SCOPUS库）

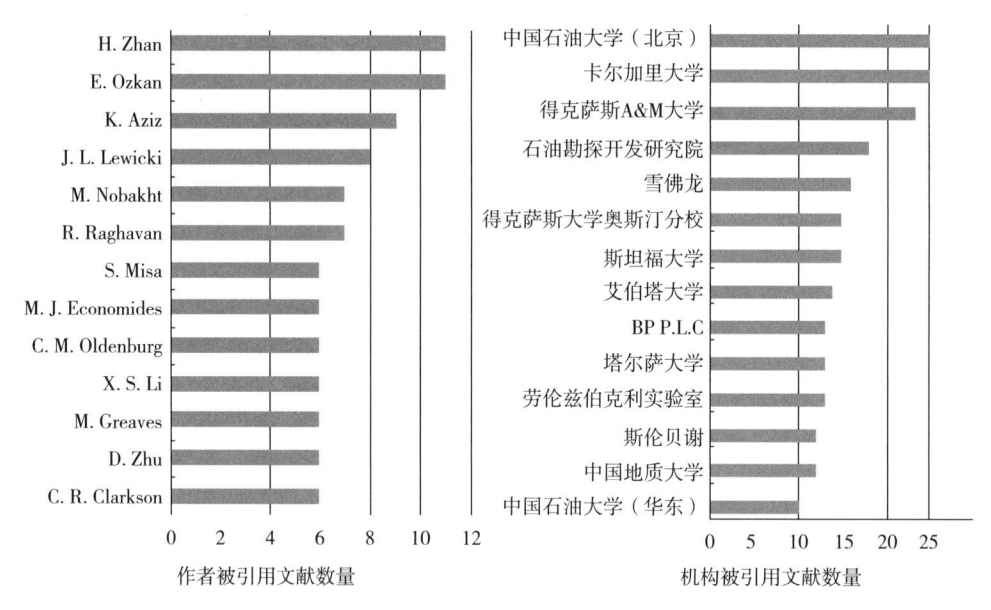

图 6-4 引用频次较高的前 500 篇文献（引用频次 ≥ 8）的主要作者与机构

（四）关联作者和关联机构排名

以储层评价研究领域为例，根据打分排名筛选出 38 名作者、19 位专家、7 个权威机构（图 6-5）。对 19 位专家详细信息进行采集与分析，包括作者影响因子（H-index）、相关文献、经典论文、发表刊物、文献类型、研究领域、引文信息、作者产出分析 8 方面（图 6-6），形成专家库。对 7 个权威机构进行采集与分析，包括机构学科分类、主要科学家和知名团队、研究范围和方向、出产科学论文和引文情况、拥有核心技术专利、推广项目和产品信息 6 个方面，形成机构库。

图 6-5 储层评价技术领域专家和机构排名情况

（五）专项技术综述

根据专项技术的专家库和信息库，可以对该技术的前沿进展进行系统分析，形成综述报告供科技人员共享。综述报告主要包含技术起源、发展历程、技术现状（包括主要技术分支及发展历程、主要技术分支研究内容、热点分支研究现状等）、相关专家和权威机构（表6-5）。

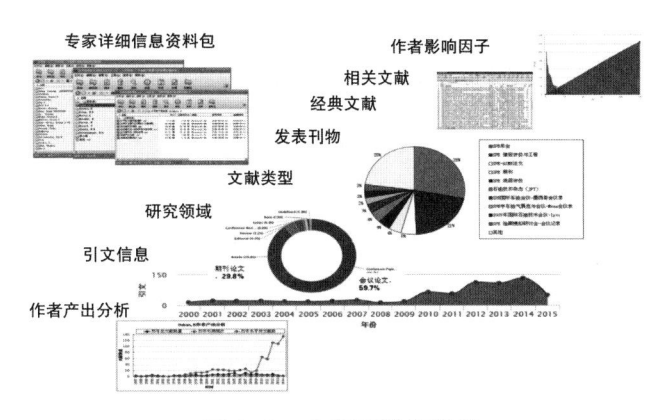

图 6-6　专家库详细信息

表 6-5　技术发展综述报告模板

数值模拟技术发展综述报告
前言
一、油藏数值模拟技术起源
二、油藏数值模拟技术发展历程
三、油藏数值模拟技术发展现状 1.油藏数值模拟技术研究概况 （1）油藏数值模拟技术按国家排列的历年文献发表情况 （2）油藏数值模拟技术应用方向和热点内容 2.油藏数值模拟技术分支及方法内容表 （1）软件平台技术的应用 （2）前后处理技术 （3）模拟技术与方法 3.油藏数值模拟技术各子领域研究应用现状 （1）中国和美国近3年热点子技术发表的文献数量统计图 （2）近3年来热点分支技术的研究和应用进展
四、需要持续跟踪的数值模拟技术前沿进展 1.重点关注的技术方向和创新成果 2.重点关注的核心专家和科研团队 3.重点关注的权威机构

四、结论

特定技术方向的溯源式前沿跟踪方法,以作为科学技术创新主体的专家和机构为前沿技术跟踪的目标,构建了一套以文献找专家、以专家定机构的技术方法和路线,提出了专家和机构排名的指标优选方法,在石油天然气勘探开发技术前沿跟踪评价中应用取得了很好的效果,为科技人员提供了更有效的技术调研辅助方法,可以提高科技人员的科研效率和科研水平。

第七篇　研发类科技外协项目成本估值方法研究

科技外协项目管理中的一项重要工作就是对外协项目进行成本估值，为外协项目立项投资和合同谈判提供重要的依据。科技外协又可以分为两类项目。第一类为技术服务项目，这类项目的特点是以借助外部的成熟技术或专有设备和软件完成特定的工作量，可以通过定额确定服务价格标准，按照工作量和价格标准可以比较准确地确定服务费用。第二类为研发项目，这类项目的特点是以借用外部的专家等智力资源为主，联合开展瓶颈技术合作攻关，项目的技术难度和实际工作量都难以定量评价，无法按照统一的标准测算研发费用。针对这个难题，研究提出了以人力资源为核心的研发项目成本估值方法，实际应用可以满足科技管理需要。

一、研发项目的特征

科技研发项目一般是指利用科研手段和装备，为了认识客观事物的内在本质和运动规律而进行的调查研究、实验、试制等一系列的活动；为创造发明新产品和新技术提供理论依据，基本任务就是探索、认识未知，它具有探索性、创造性、继承性、依赖性的特点。

（1）探索性。研发项目就是不断探索，把未知变为已知，把知之较少的变为知之较多的过程，这一特点决定了科研过程及其成果的不确定性，意味着对其过程难以准确预知和衡量。

（2）创造性。科学研究就是把原来没有的东西创造出来，没有创造性就不能成为研发项目，这一特点要求科研人员具有创造能力和创造精神，意味着对其创造性的价值难以准确衡量。

（3）继承性。科学研究的创造是在前人成果基础上的创造，是在继承中实现的，这一特点决定了科研人员只有掌握和继承了科学知识成果的积累，才能进行科学研究，意味着对继承和累积的知识难以准确衡量。

（4）依赖性。研发项目往往是因核心专家而立项，围绕核心专家组建研发团队，项目的创新性和先进性也高度依赖于专家的知识和智慧，意味着对其专家的知识和智慧的价值难以准确衡量。

二、研发项目的成本估值分析

研发项目的特点决定了程序的不规范、过程的不可控、结果的不确定，因此难以定量估值。为了研究成本估值方法，通过调研分析影响成本估值的因素构成，评价各因素的影响。

（一）成本构成要素设定

参考国家自然科学基金项目经费要素，主要包括设备费、材料费、测试化验加工费、燃料动力费、差旅/会议/国际合作与交流费、出版/文献/信息传播/知识产权事务费、劳务费、专家咨询费及其他支出9项，这些要素更多地体现研发项目的实物成本和人力成本。作为外协项目，必须要考虑知识的价值体现，还要考虑商务成本，也要考虑合理的利润。综合考虑初步选定人力费用（人员薪酬、劳务费、专家咨询费）、实物成本费用（包括设备、材料、燃料动力、测试化验加工费、出版/文献/信息传播/知识产权事务费）、知识价值（专有技术和设备设施使用、技术积累价值、专家的创造价值）、商务费用（差旅/会议/国际合作与交流费、评审费、税金）、商务利润5个主要要素。

（二）影响因素调查分析

1. 研发外协的成本要素构成

人员成本：不同项目需要不同专业、不同层次的研发人员，根据不同技术水平级别人员的月薪酬标准与最小工作周期计算。

知识价值：主要包括两个方面，第一方面要考虑承担外协任务的合作机构先期的知识积累，这也是项目选商时需要考虑的重要因素；第二方面要重点考虑本项目知识创新的价值（难度）。

实物成本：这部分就是项目执行所需的直接和间接费用，直接费用包括材料消耗、出版印刷和资料费等费用，间接费用包括实验费、科学计算费等。

商务成本：主要是评审费、差旅费、税金等。

项目利润：这也是比较难以定量确定的部分，既取决于创新难度，还取决于项目的组织实施难度。

2.成本要素影响分析

由于成本要素重要性没有参考的评判标准，采取相关人员问卷调查的方式来获得。调查的对象选100名从事科技研发工作的项目长和骨干成员、部分科技管理人员，调查结果统计分析见表7-1。

统计调查结果显示，研发外协项目的主要成本构成要素重要性顺序依次为人力费用、知识价值、实物成本、商务成本、商务利润。知识价值对成本的影响得到充分认可，占比为26.3%；对商务成本和利润也得到认可，总体不超过25%。

表7-1 成本要素重要性调查统计结果

构成要素	人力费用 排序	人力费用 权重（%）	实物成本 排序	实物成本 权重（%）	知识价值 排序	知识价值 权重（%）	商务费用 排序	商务费用 权重（%）	商务利润 排序	商务利润 权重（%）
原值均值	1.56	28.70	2.20	22.96	1.98	26.26	4.09	12.10	4.53	9.90
归一化	0.11	28.70	0.15	23.00	0.14	26.30	0.28	12.10	0.32	9.90

三、成本估值方法和标准

（一）估值方法

1.估值原则

（1）坚持以人为本，充分体现研发人员特别是核心专家的作用。

（2）重视知识创造的价值，充分认识创新的难度和价值。

（3）定性与定量相结合，对知识成本采取定性测算，对人力资源成本、商务、实物等其他成本采取定量测算。

2.确定影响因素

根据统计调查结果,确定人员成本、知识价值、实物成本和商务成本(包含项目利润)4个方面为研发外协的主要成本构成。考虑到实际上知识成本也反映在人力资源的层次上,所以将人力成本和知识价值作为一个因素考虑,最终确定为人力成本(包含知识价值)、实物成本和商务成本3个要素。

3.确定权重

根据表7-1统计结果微调,将3部分的权重分别确定为55%、23%和22%。

4.估值策略

考虑到在3个要素中,人力资源的使用可以参考通行做法进行定量测算,其余的两个要素都难以定量测算,所以先以项目定人、以人的标准测算人力成本,在此基础上根据权重标准反测其他两项费用。实物成本和商务成本分别为人力成本的42%和40%。

(二)估值标准

研发项目创新性强,技术难度大,需要各层次、各类研发人员的参与。在项目设计时应根据任务情况提出研发人员结构的基本要求,原则上需要有1~2名专家,2~3名高级技术人员,中初级技术人员根据需要确定,专家、高级、中初级3个层次技术人员配比为1:(2~3):(5~10)。研发人员薪酬费用没有国家标准,根据协作机构所在地的平均薪酬标准进行核定,专家按照10~15倍计算,高级技术人员按5~10倍计算,中初级技术人员按照3~5倍计算。参与研发人员按照全职参与的实际时间(人·月)来计算薪酬费用,根据全部人员费用总和得到研发项目人员费用总额。根据研发项目人员成本总额,按照估值策略反推得到研发项目外协估算总成本为人员成本的1.82倍。

四、应用实例

将以上研发外协项目成本估值测算方法应用到一个实际研发外协项目上。该项目为油气勘探生产企业的可持续发展研究,重点关注转型发展的战略和实现路径,主要包括发展环境分析、竞争优势分析、可持续发展水平分析、转型的方向研究、转型战略及路线图设计5个方面内容。项目需求方要求项目人员包括业务专家和业务骨干两个层面的技术人员,按照项目协作意向方所在地区的同行业技术人员薪酬标准,两个层次技术人员的月薪分别为2万元和1万元,按照工作时间测算出人员总费用为32万元,项目总费用为58万元。实际应用中,将测算结果作为项目招标谈判的最高限价来控制,项目招标实际成交价格为51.5万元(表7-2)。

表7-2 研发项目外协成本估值

研究内容	项目专家 工作量(人·月)	项目专家 月薪(万元)	项目专家 薪酬小计(万元)	项目骨干 工作量(人·月)	项目骨干 月薪(万元)	项目骨干 薪酬小计(万元)
发展环境分析	2	2	4	1	1	1
SWOT分析	2	2	4	2	1	2
可持续发展水平评价	3	2	6	1	1	1
转型方向研究	2	2	4	2	1	2
转型路线设计	3	2	6	2	1	2
人员总费用(万元)	32					
项目总费用(万元)	58.24					

五、结论

本研究涉及的是实物工作量较少、以技术人员的研发为主的外协项目,在实际科技管理中得到了推广应用,能有效解决研发项目管理的难题。如果实际项目在研发工作外,还涉及应用成熟技术完成较大的实物工作量,可以考虑将项目分成研发和技术服务两部分,研发工作部分采取上述方法,技术服务部分可以通过定额确定服务价格标准,按照工作量确定服务费用。

第二部分
科技管理实际应用方法

第八篇　科技项目管理

科技项目是科研生产活动的最重要抓手，做好项目管理工作是油公司研究院最核心的工作。科技项目要紧密围绕油公司科技发展战略与目标，聚焦全局性、综合性需求，着力解决当前和未来发展面临的重大瓶颈技术问题，满足生产需求。科技项目管理坚持"问题导向、顶层设计、分级分类、合规管理"的原则，实行全过程跟踪管理。

一、项目类别的确定

科技项目按照项目性质分为科研项目、设计项目和生产项目3类。

（一）科研项目

上级设立的科技攻关、现场试验、推广应用、情报调研和成果有形化等项目，以及研究院根据需要自行设立的应用基础研究、前瞻性探索研究和重点实验技术研究等项目。

（二）设计项目

上级业务部门下达的石油天然气勘探开发部署、方案设计、油气储量评价、勘探开发规划等项目。

（三）生产项目

上级业务部门下达的地质开发实验分析、地球物理勘探资料的处理解释、油田生产信息化等生产任务，根据任务性质分为研究型和任务型。

二、管理机构及职责

油公司研究院实行的是"委员会制"的科技决策机制（见第十四篇），基于该机制设计项目管理流程。

（一）项目决策和执行机构

1. 研究院技术委员会

研究院技术委员会为科技项目管理的最高决策机构，负责技术发展方向确定、顶层设计方案审定、科技项目计划制订、重大项目评审和创新成果评定等。

2. 专业技术委员会

专业技术委员会为所属专业科技项目管理的决策机构，负责项目顶层设计、项目负责人选聘、项目奖酬金测算与分配、项目检查指导与评审考核等；负责科技外部协作项目立项审查、评审与验收。专业技术委员会下设专家组，按照技术领域划分，由技术领域首席专家牵头，相关技术专家和一级工程师组成。专家组根据专业技术委员会的安排开展项目设计与评审；外协项目的设计、评审与验收；重大临时任务的设计与评审等。

（二）项目管理机构

1. 科技管理部门

科技管理部门为科研、设计、生产项目和科技经费的归口管理部门。

主要职责：项目顶层设计和立项评审；项目计划编制的组织与管理；项目实施过程监督、评审与验收的组织与管理；项目经费预算计划编制、执行监督、使用考核的组织与管理；技术标准的立项、审查和申报的组织与管理；相关科研实验装备需求计划编制的组织与管理；科技成果知识产权保护、奖励申报和创新成果评定的组织与管理；项目审计、监督检查等相关工作的组织与协调。

2. 人力资源管理部门

人力资源管理部门为科技项目人员聘用和项目奖酬金的归口管理部门。

主要职责：制定科技项目人员聘用和项目奖酬金管理的有关政策并组织监督实施；项目奖酬金测算、核定和发放的组织管理与监督；科技项目劳务费指标申请、审核和发放的组织管理与监督。

3. 财务部门

财务部门为科技项目经费预算和核算的归口管理部门。

主要职责：项目经费预算的统筹与审查；专项核算与归集、合规性监督与考核。

4.经营管理部门

经营管理部门为科技项目评审考核的归口管理部门。

主要职责：项目考核与绩效奖励的组织与管理；ISO 9000 质量检查、指导和考核的组织与管理。

5.科研装备管理部门

科研装备管理部门为科技项目相关实验仪器设备和物资采购的归口管理部门。

主要职责：项目所需设备的购置与研制的组织与管理；设备资源统筹优化调度的组织与管理；项目所需物资采购与发放的组织与管理。

（三）项目执行机构

1.专业研究室

专业研究室为科技项目组织实施的责任主体。

主要职责：项目开题查新检索、开题报告编写、经费初步预算、项目实施计划编制和项目实施的组织与管理；项目组人员的协调组织、经费使用指导；项目组奖酬金的测算分配、发放的指导监督；项目执行过程中的技术指导、技术把关与基础工作监控管理；项目计划里程碑节点的检查与考核；临时任务的组织与管理。

2.项目组

项目组为科技项目的实施主体。

主要职责：项目实施的组织与管理；负责项目经费的使用与奖酬金考核发放的组织与管理；相关临时任务的组织与实施。

三、立项管理

（一）总体设计

根据研究院技术委员会的要求，各专业技术委员会组织相关专家开展课题和支撑项目的设计。

1. 重点课题设计

依据承担的上级重大攻关课题和自行设立的科技攻关重点工程,优化整合确定重点课题。课题设计要明确生产需求、攻关目标、研究内容、考核指标和预期成果等。

2. 支撑项目设计

课题下设支撑项目,支撑项目要围绕课题目标,综合考虑上级项目、预研项目进行优化设计;为确保技术发展的基础和后劲,要保持一定比例的基础研究和新技术研发项目;为确保集中力量攻难关,提高研发效率和质量,要根据科技资源情况合理设置支撑项目的数量。

3. 关键业绩设计

各级技术专家带头承担重大关键技术的攻关。根据专家年度重点任务设计专家的年度关键业绩考核指标,根据专业研究室承担的支撑项目设计研究室年度关键业绩指标。

4. 总体设计审核

研究院技术委员会对各专业总体设计结果进行审查,审查通过后下达年度项目总体设计方案。

(二)项目设计

依据技术委员会确定的总体设计方案,专业技术委员会为每个项目设定负责专家,负责专家与项目全生命周期关联,指导项目负责人进行项目的具体设计。

1. 科研项目设计内容

(1)调研报告。围绕项目需求,开展国内外现状调研。主要包括技术发展现状、存在问题和下步发展方向等,编写调研报告。

(2)项目技术方案。根据调研分析、生产需求分析、科研攻关方向论证,明确项目的技术方向、研究内容、技术路线、技术目标等,制订项目技术方案。

(3)经费预算报告。根据研究内容和工作量进行经费测算,编制经费预算报告。

(4)项目运行计划。依据项目要求设定里程碑考核节点,明确每个节点的工作内容、工作量和考核指标，指导项目运行。

（5）开题报告。在项目调研成果、技术方案、经费预算、运行计划的基础上，编写开题报告。

2.设计生产项目设计内容

（1）项目设计书。根据上级下达的设计生产任务需求，明确执行标准和规范，确定设计思路、工作量、技术指标、考核指标，根据任务工作量进行经费测算，编写项目设计书。

（2）项目运行计划。依据任务要求设定里程碑节点，明确每个节点需要完成的工作内容、工作量和考核指标，制订项目运行计划，作为项目里程碑考核、评审验收的依据。

（三）立项审查和计划下达

1.立项审查

专业技术委员会组织对科技项目研究内容、工作量、技术指标、攻关思路和考核指标等进行全面论证审查，审查通过后上报科技管理部门。

2.计划下达

科技管理部门组织汇总各专业技术委员会的立项审查结果，编制并下达项目年度运行计划。

四、运行管理

（一）分级分类管理

科技项目实行研究院、专业系统、研究室三级管理。研究院技术委员会负责重大攻关课题的管理；专业技术委员会负责本专业承担的重点课题管理；研究室技术委员会负责承担项目的管理。

科研项目重点对立项内容、技术指标、研究思路、创新成果和应用效果进行管理；设计项目重点对任务内容、任务指标、工作进度和工作质量进行管理；生产项目重点对任务数量、完成时间、及时率和合格率进行管理。

（二）过程指导

研究室对项目日常运行进行技术管理，重点对基础工作、基础资料进行指导把关；项目负责专家负责项目全过程的技术指导把关，项目成果须经研究室领导和负责专家审核。

（三）节点控制

各级技术委员会在项目运行关键节点，对照计划按照评审标准进行评审。项目组负责项目月度检查，研究室负责里程碑节点评审，专业技术委员会负责半年和年度评审。

（四）变更管理

项目实施过程中，由于客观原因和不可预见因素需要对项目的研究内容、考核指标、研究时间、经费和人员进行调整的，由项目组填写调整报告，专业技术委员会审查，逐级上报审批。

（五）协调管理

承担的上级重点攻关课题实行月度例会制度，协调解决运行中出现的问题；项目实施过程中出现的问题，由管理部门及时协调解决。

（六）质量管理

项目实施过程中及时填报开题报告、月度进展、季度进展、设计更改记录、设计评审记录等项目管理相关信息，并上传到课题管理平台，实现项目质量管理信息化（ISO 9000）。

五、验收考核

（一）验收管理

项目验收按照"超前组织、及时灵活、坚持标准"的原则进行管理。

1.验收组织

项目验收要先于上级验收。项目承担单位按照验收要求提交相关资料，科技管理部门根据项目性质，采取会议验收、现场验收或检测验收等方式，组织专业技术委员会进行验收，主评专家给出验收结论。项目存在未完成计划要求、未达到主要技术经济指标、提供的验收文件材料不真实、实施过程中未经论证审批自行调整研究内容和目标、项目审计发现违规违纪问题等情况一律不予验收。

2.验收内容

对照开题报告或计划任务书，重点对计划任务完成情况、主要创新成果、成果应用情况、外部协作和经费使用情况进行验收。

（二）评审考核

科技项目评审考核坚持"公平公正、分级分类、逐级负责、工效挂钩"的原则，包括项目中期评审考核、年终评审考核和项目人员月度考核。

1.实行差异化评审考核

按照不同项目类别，确定相关评审考核评分标准。项目中期评审考核重点考核项目计划进展和技术成效，年终评审考核重点考核项目计划完成、技术成效和项目管理（经费使用、奖金管理和合规管理等）。

2.实行分级评审考核

专业技术委员会侧重重点课题和项目成效评审考核，专家组侧重项目成效评审考核和指导把关，研究室技术委员会侧重项目基础工作考核。

3.实行绩效奖励

项目评审考核结果与半年和年终项目绩效奖金发放挂钩。

4.实行人员月度考核

考核内容为项目人员月度工作绩效，考核结果与项目人员月度奖金发放挂钩。

六、配套管理

（一）人员聘用管理

包括课题负责人（课题长）、支撑项目负责人（项目长）聘用，坚持"公开竞争、择优聘用、双向选择、固非结合"的原则。

1.聘用条件和聘用方式

课题长须为二级工程师以上、近3年担任相关领域项目负责人；项目长由各专业系统参考课题长的聘用条件根据实际情况确定。

课题长由专业系统通过公开竞聘产生，项目长通过竞聘或选聘产生，项目组成员聘用采取个人自愿、双向选择或研究室协商安排的方式产生。

2. 聘用管理

课题长、项目长实行聘期制管理，依据任期考核结果对其进行调整、解除、取消资格或续聘；项目组成员的聘用由课题长和项目长根据年度考核结果决定；跨研究室的非固定人员采取"一时一聘、一事一聘"的管理方式。

（二）经费管理

科技项目经费按照"专款专用、独立核算"的原则，实行研究院、研究室和项目组三级管理。

1. 经费下达

科技管理部门根据上级下达经费计划编制项目经费计划，计划管理部门下达科技项目经费计划。上级有配套经费的科研项目经费以项目为单元下达，设计项目、生产项目和自行设立的科研项目经费以项目组为单元下达，通过科研管理费列支的科技项目经费以研究室为单元下达。

2. 经费使用

研究室负责人作为经费管理主要责任人，课题长、项目长作为经费使用直接责任人，对经费使用的真实性、相关性、合规性进行审核把关。

3. 经费核算

研究室设专人负责项目经费的核算工作，实行月度对账制度。为保证科技项目经费预算编审的合理性和预算执行的严肃性，对科技项目经费执行进度率进行考核。

（三）奖酬金管理

坚持"分级核定、逐级考核、多劳多得、优劳优得"的原则，实行研究院、研究室和项目组三级管理。

1. 奖酬金核定

据承担的任务量和需要的人员情况自上而下逐级核定下拨。研究院核定下拨给专业系统，专业系统核算下拨到研究室，研究室核定分解到项目组。

2. 奖酬金构成

原则上，项目奖酬金78%用于日常考核发放，17%用于中期考核发放，5%用于年终考核发放。

3.奖酬金发放

依据考核结果按照业绩贡献大小，拉开差距进行发放。

（四）外协管理

按照"高端合作、严格把关、规范管理、提升水平"的原则进行管理。

外协论证：各项目依据项目计划和科研生产需求提出外协申请，各专业技术委员会和管理部门组织论证，研究院技术委员会对外协必要性、可行性进行审查，确定年度外协计划。

选商签约：管理部门依据相关管理办法对列入计划的外协项目组织完成上报审批、招标谈判、合同签订等工作。

过程管理：项目组负责外协的日常管理，研究室负责外协阶段评审与管理，专家组负责全过程的技术指导和把关，管理部门负责协调解决运行过程中出现的问题。

成果验收：主要包括预验收、正式验收、质量保证期验收，分别出具预验收意见书、正式验收意见书、质量保证期验收意见书，作为合同验收付款的依据。

外协管理细则详见本书第十篇。

（五）内部有偿服务管理

油公司研究院承担的上级各类项目有配套的专项经费，除了综合研究室研究人员承担主体研究工作外，还涉及专业研究室承担分析化验、地震资料处理解释、科技信息服务等专业技术服务，也需要制图出版、车辆服务、会议交流等服务保障工作。建立一套以科技项目为主体，模拟市场化运作的专业技术和后勤保障服务的内部有偿服务机制，按照"模拟市场经营、规范运行操作、提升服务质效、保障科研生产"的原则进行管理。

1.运行

内部有偿服务依托管理平台运行，包括项目提出任务、单位领导审核、任务承担单位执行、项目确认任务完成和服务结算等环节。

2.结算

内部有偿服务结算按照内部价格标准执行，原则上每月集中核算一次；

结算的发起、任务匹配、付费、确认等按照规范流程操作运行；以分析报告、数据、成果报告等作为结算依据，结算内容须与计划相符。

3. 考核

服务承担单位有偿服务完成情况纳入年度综合业绩考核，计划部门年初下达有偿服务收入指标，年底由绩效考核办公室组织考核。

（六）成果及知识产权管理

按照"超前保护、激励创新"的原则对技术创新成果和知识产权进行管理。

1. 知识产权保护

科技管理部门组织技术标准立项和技术标准起草工作，及时组织项目研究产生的专利、技术秘密、软件著作权等的申报，保护自主知识产权。

2. 成果归档

项目验收通过后，科技管理部门按照技术文件资料归档管理要求组织项目组进行成果归档，对自主创新的软件源程序、自主产权配方等核心技术要加强保密管理。

3. 成果奖励与申报

坚持"公平公正、激励创新、宁缺毋滥"的原则，对科技创新成果进行分级、分类奖励。

4. 产业化管理

对于研究基础好、推广应用前景大的研究成果，立项进行应用推广，在推广应用中逐步完善技术方法，验证技术效果，同时进行相应软件和产品的开发，推动技术成果的有形化和产业化。

第九篇　生产任务调配管理

油公司研究院除了承担研发任务外，还承担大量的围绕油气勘探开发生产的设计生产任务。与科研任务相比，设计生产任务具有下达的不确定性、工作量的不均衡性、时限的急迫性，对生产能力、资源匹配都是挑战，特别考验任务调度和资源调配能力，要体现超前性、计划性、协调性、受控性。

一、生产任务管理和调配流程

生产任务的调配主要包括总计划、主排程和任务调配3个方面。

（一）总计划

作为一个单位，人力资源、资金设备、场地设施、配套服务等资源都是有限的，在一定时间内承担的任务也是有限的，因此在年初就应该对上级下达、市场合同等任务进行预测，对需要的资源进行预估，根据预估的情况进行资源准备，满足完成任务的需要。在此基础上排出总计划，进而制订出生产计划。

（二）主排程

在上级下达的任务和市场合同任务确定后，需要进行主排程，定量细化分解任务工作内容和指标，明确需要的资源支持，做出成本预算和时间安排。

（三）任务调配

任务的调配工作由生产管理部门完成。依据总计划进行总任务的调配，依据生产订单进行实际任务调配，依据任务承担单位的任务分析确定任务完成需要调配的资源。

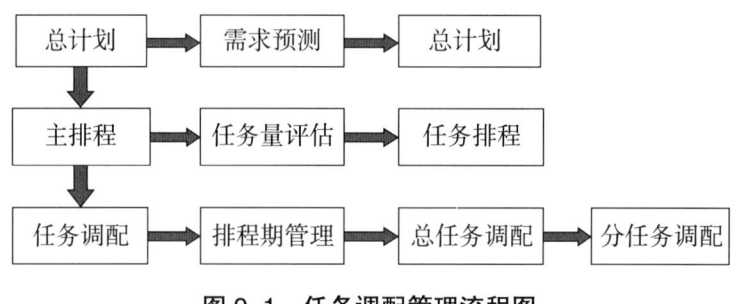

```
总计划 → 需求预测 → 总计划
  ↓
主排程 → 任务量评估 → 任务排程
  ↓
任务调配 → 排程期管理 → 总任务调配 → 分任务调配
```

图 9-1　任务调配管理流程图

二、总计划

（一）需求预测

以一个完整日历年作为一个计划期，每年年初对当年的任务做出预测。最直接的办法就是根据上级相关业务规划计划和市场开发的预期，结合根据以往经验制定的工作量测算标准，直接预测出较为接近实际的任务工作量和需要提交的产品，并对工期做出预测。在无法获取上级业务规划计划和市场需求高度不确定的情况下，可以采用经验性预测方法，在近3年完成任务的类型、数量、工期的基础上，加上对需求变化的趋势研判来确定。在上级计划和市场需求发生较大变化的情况下，可以对预测结果进行调整。

（二）总计划确定

1. 计划指标的确定

品种指标：确定品种指标是生产计划的首要问题，涉及"生产什么"的决策，主要指计划期内计划出产的产品名、型号、规格和种类。

产量指标：计划期内出产的合格产品的数量，它涉及"生产多少"的决策。对于品种、规格很多的系列产品，可以用主要技术参数来计量。

质量指标：计划内产品质量应达到的水平，主要采用统计指标来衡量，如一等品率、合格品率、废品率、返修率等。

产值指标：用货币表示的产量指标，能综合反映生产成效，便于比较。

出产期指标：为了保证按期交货确定的产品出产期限。正确确定出产期很重要，如果出产期太紧，保证不了按期交货；如果出产期太松，会造成生产成本加大和生产能力浪费。

2. 现状评估和未来预测

现状评估就是要清楚现状与目标有多大的差距。当前外部环境状况是指生产涉及的原料、燃料、动力、工具等市场供应情况；内部状况是指生产涉及的设备、人工、新产品研制、生产技术、物资库存、在制品占用量等。未来预测是指根据国内外政治、经济、社会、技术等因素综合作用的结果，把握现状如何变化，找出达成目标的有利因素和不利因素。

3. 生产能力评估

这里的生产能力是借用生产管理的概念，指在现有的资源条件下，在一定时期内（年、季、月）通过先进合理的技术生产组织所能完成的不同类型任务（或提交一定种类最终产品）的总量。国外有的人将生产能力分成固定能力和可调整能力两种，前者指固定资产所表示的能力，是生产能力的上限；后者是指以劳动力数量和每天工作时间及班次所表示的能力。这里所描述的任务是指设计任务和非流程式生产任务，对这类任务的生产能力还没有一个准确清晰的概念，可以用劳动力数量和每天工作时间代表生产能力；这里的生产能力还与任务类型有关，可以用几个主要任务类型的单一生产能力表示。还要考虑生产能力与生产任务的平衡问题（负荷），以近几年的生产任务类型的比例为依据，计算生产能力指标，根据生产能力与生产任务匹配的原则制订生产方案。

4. 总计划编制

总计划编制就是在计划指标确定、现状和未来预测、生产能力评估之后，根据预测的总需求，对任务总计、输出产品总计和需求资源总计，按季度进行计划安排。

（1）任务总计。主要是按类型统计的任务数量和按专业性质统计的完成任务所需的实物工作量。例如，按照石油勘探井设计（井数）、开发井设计（井数）、勘探规划设计（规划数量）和开发规划设计（规划数量）4种类型统计设计任务数量；可以按照完成这4种设计任务所需的三维地震勘探资料处理和解释的工区面积、地球物理测井资料处理解释的井数、实验分析的样品数等统计实物工作量。

（2）输出产品总计。主要是按类型统计的任务的输出数量。例如，按照石油勘探井位设计、开发井位设计和勘探开发规划设计3种类型统计设计任务数量，需要提交设计的勘探井位数量、开发井位数量、总规划和分规划数量。

（3）需求资源总计。主要是完成任务所需的人力、设备、软件、资金、服务等。在进行人力资源、设备、软件的配置时需考虑生产任务的需求差异；资金需求可根据上年不同类型任务的平均资金需求初步估算；配套服务包括需要的外部协作（在组织内部无法满足技术、时效等要求的情况下安排的外部协作）。

（4）季度生产安排。按照完成的任务、产品输出、资源配置、服务配置进行季度生产进程安排。

三、主排程

（一）任务单元分解

一项任务的完成，必然包含若干比较单一的任务。任务单元分解要考虑专业性质，还要考虑生产的重复程度和流程的复杂程度，原则上尽量使划分的单一任务生产的重复程度高和流程的复杂程度低。每个分解后的任务单元相当于单件小批的订货型生产，这有利于专用设备的配套、灵活的任务调配、标准化流程的运用。

（二）建立单一任务标准

建立单一任务单元（任务量、指标、工期）与资源［人力（分专业）、设备、软件、服务］的配置标准。还要建立配套的资金测算标准，人力资源以人员使用成本计量，可以参考上年的平均标准；设备、软件可以制定在线即时使用价格标准、专项服务可以建立服务价格标准。

（三）任务排程（任务书）

任务排程就是对来自上级和市场的各项任务进行生产计划安排，可以采取任务书方式确定，运行过程以任务书为抓手，任务书的格式参见第十三篇中的表13-2。

四、任务调配

（一）投入产出曲线分析的基本原理

在生产运营管理中常常遇到运作管理过程中的累积现象，用图表表示累积过程的投入产出曲线（I/O）是分析累积过程的一个重要工具。可以将不同时间下达的勘探开发设计任务视为一系列流动的对象，具体的设计任务进入设计过程相当于进入一个限制区域，资源的状况和生产组织效率制约处理能力，会出现设计任务的积压和排队现象。应用 I/O 曲线，可以分析现有的生产设计流程下最大限度的任务排队、窝工的情况，分析系统的稳定性，有针对性地制订改进方案。

生产任务从任务接收直至成果交付完成的过程是一个单一限制的系统，用 3 个节点和 2 个区域来描述（图 9-2）。第一个点就是"任务接收点"，是任务承担方从任务授予方正式接受任务（合同或协议）的起算点；之后进入"生产准备区"，生产管理部门组织进行任务接收登记、生产方案制订、相关资源调配、任务书下达等生产任务的前期准备工作；第二个节点是"生产启动点"，是生产管理部门完成任务的前期准备工作后，以正式任务书下达给任务执行方，是生产任务执行的起点；之后进入"在线生产区"，相当于生产运营管理中的在制品生产阶段，由生产单位负责组织生产；第三个点是"制品交付点"，是任务完成并向甲方正式交付的节点，之后整个任务的执行正式终结。假设一系列任务在"任务接收点"接受并进入"生产准备区"后，在该区域中接受前期准备处理，如果一段时间内任务到达率超出系统的处理能力，就意味着生产准备作业在这里形成累积，又将这个区域称为"累积区"；生产单位在"生产启动点"接受生产任务并进入"在线生产区"后，受生产技术和工艺、资源、管理的制约，还会产生在制品的累积，累积的程度取决于流程的优化和生产效率的提高，将这个区域也称为"限制区"。在 3 个点记录任务在两个区域的进入时间和离开时间，以任务到达和离开时间为水平轴（X 轴），任务累积数量为垂直轴（Y 轴），得到累积区和限制区的 I/O 曲线（图 9-3）。需要说明的是，累积区的产出曲线也是限制区的投入曲线。

图 9-2 单一限制体系示意图

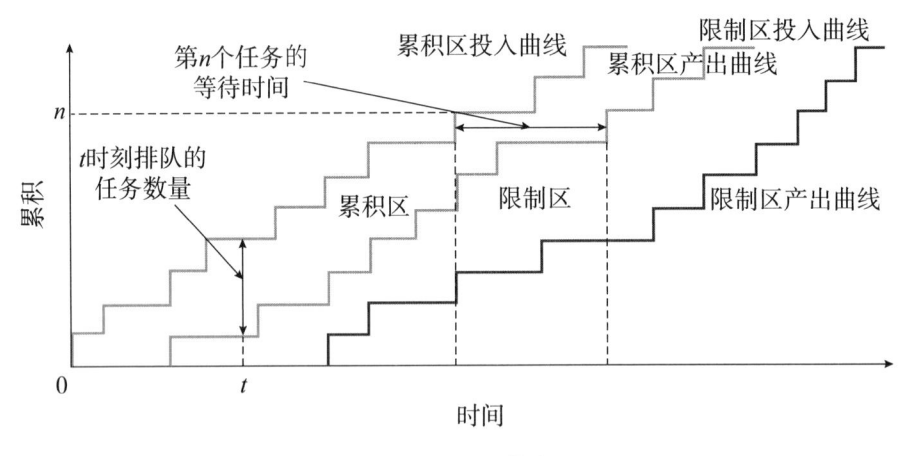

图 9-3 I/O 曲线

I/O 曲线的水平距离代表第 n 个任务的等待时间，垂直距离代表 t 时刻排队的任务数量，投入曲线和产出曲线之间的面积是所有任务的总等待时间。

I/O 分析最常用的是 Little 定律：假设在时间 T 内到达的任务总数是 L，得到物体的平均到达率为 $\lambda=L/T$。如果知道单位任务的平均等候时间 W'，就可以计算单位时间等候任务的平均数量 $L'=W'\lambda$。

（二）分级任务调配

1. 总任务调配

以生产任务为单位对油公司研究院总任务进行调配，生产管理部门为调配工作的主责部门。图 9-3 左侧的累积区投入曲线为上级下达的任务或市场合同任务的接收时间，任务累积区产出曲线为经过生产管理部门的主排程程序和资源配置，形成任务书并下达生产单位的时间。由于任务接收时间的持续性，要根据管理部门的排程、资源配置的效率来控制任务累积过程。把累积时间尽量控制相对最小，平均每个任务的等待时间不超过 10 个工作日，平均每个时刻等待的任务数量不超过 5 个，这是对生产管理部门的考核指标。在短时间内接收任务数量激增的情况下，要由人力资源管理部门协调临时增加人力来提高处理效率。

2. 分任务调配

在完成科研机构的总任务调配之后，下一步就要将任务书下达给各生产单位。每个单位接收多个任务，要将每个任务分解成单一的分任务单元进行任务调配。图 9-3 右侧的限制区投入曲线为多个任务单元的接收时间，也是单一的分任务单元的启动时间，任务限制区是多个任务分解的单一分任务单元的在线处理区，产出曲线为单一分任务单元的执行并完成任务书规定的工作内容、达到规定的指标、按规定时限完成任务并经主管部门审验认可的时间。通过限制区的 I/O 曲线，单位和主管部门能实时监控生产运行情况，通过某时刻在线单一任务单元数量了解任务负荷情况，通过单一任务实时完成数量掌握工效情况。

第十篇　科技外协管理

科技外协是在油公司研究院现有的人力资源不足、专用设备缺乏、特定瓶颈技术制约的情况下，借助外部的资源，辅助完成重大的攻关项目中的部分任务。在完成任务的同时，也通过合作掌握自身不具备的一些关键技术，培养专门技术人才。

一、管理机构及职责

（一）决策结构

研究院技术委员会负责外协项目计划的审定；专业技术委员会负责外协项目的论证、评审和验收。

（二）管理部门

1.科技管理部门

科技管理部门是外协项目主管部门，负责组织技术论证、选商论证、落实经费计划；外协计划下达；组织招标文件、谈判文件和合同编写及技术审查、组织商务谈判；组织阶段评审、合同验收及后评估；资料包使用、成果归档及知识产权归属的审查；协调解决运行过程中出现的问题。

2.经营管理部门

经营管理部门是外协项目合同及法律事务的主管部门，负责外协方资质审查并建立外协方资质档案；招标文件、谈判文件及合同法律规范性审查；外协项目费用测算组织与审核；招标文件报送及组织合同签订；招标工作跟踪协调及合同履行全过程监督。

3.财务管理部门

财务管理部门负责谈判合同经济审查和外协项目核算管理。

(三)承办单位

研究室和项目组是外协项目承办主体,负责外协需求论证、费用测算和选商调研;外协申请报告、招标文件、谈判文件和合同起草;合同执行监督管理及合同变更申请提出;实施阶段评审、预验收、质保期验收和资料归档;参加合同验收与后评估。

二、立项管理

(一)设定科技外协的红线

要遵守高度聚焦的原则,外协项目立项应聚焦制约关键技术发展的瓶颈和生产急需,且现有技术、人力和设备解决不了的问题。为了保持自身的竞争优势和保密需要,存在整体技术项目和整体规划类项目、机构独有的核心技术项目、损害自身竞争优势的项目、易造成重大失密项目等情况之一的原则上不能外协。

(二)立项论证

研究室组织项目组根据科技项目计划提出外协需求,包括需要外协的技术方向、关键技术点、预期目标、达到效果等,在此基础上调研在该技术领域的国内外研究进展,筛选具备条件的技术专家、科研团队、研发机构,形成外协调研报告。依据研究院科技外协项目费用测算、招标管理、合同管理等规定,编制每个外协项目的费用测算表、选商论证报告、可不招标论证报告及外协项目申报表等立项论证材料。专业技术委员会对外协理由、内容、工作量和技术指标等进行审查,对外协费用测算和选商方式合理性进行审查,优选确定拟开展的外协项目。

(三)项目审定

科技管理部门对外协项目相关材料汇总并进行合规性审查。研究院技术委员会组织技术专家和管理部门参加的审定会,对外协项目的技术、经济、商务可行性进行最终审定,审定的外协项目列入科技外协计划。

三、选商及合同签订

（一）选商原则

科技外协必须遵守高端合作的原则，合作对象应优先选择国内外技术实力强的高校以及专有技术领先的权威科研机构。

（二）选商过程

选商方式包括招标和谈判，招标分为公开招标和邀请招标，谈判分为竞争性谈判和单一来源谈判。招标选商的项目由项目组编写招标方案，经专家组审查后报科技管理部门和经营管理部门进行技术和法律审查，审查通过后按照相关规定履行招标程序。可不招标项目履行相关论证、公示及审批手续。谈判选商项目由项目组编写谈判要约文件，经专家组审查后报科技管理部门和经营管理部门进行技术和法律审查后发出，潜在外协方响应后，按照合同管理有关规定由科技管理部门组织谈判。

（三）合同签订

中标通知书下发或谈判结束后，由项目组在20日内形成正式合同文本，并将相关信息录入和上传合同管理平台。项目组按照合同管理相关规定在10日内完成合同审查审批及签订，合同审查审批及签订时效纳入日常考核。

四、科技外协过程管理

（一）项目启动

合同生效后，由科技管理部门按外协合同约定为合作方提供相应的外协资料包，履行资料包使用程序，启动外协项目研究工作。

（二）项目的监管

外协项目负责人在项目执行过程中全程参加项目研究，及时了解和掌握核心技术；专家组对外协项目全过程进行技术把关，及时发现并指导解决出现的技术问题。研究室根据合同约定及时组织专家组进行里程碑审查，形成里程碑验收意见报送科技管理部门。合同变更须双方协商一致，由项目组提出变更申请，经科技管理部门组织专家组论证通过后，履行审批手续。

五、外协项目验收

（一）验收

外协项目最终验收结束日期不能晚于依托项目结束日期。外协项目最终验收包括预验收、正式验收、质保期验收。在正式验收前，研究室组织专家组对外协项目进行预验收，预验收的重点是审查是否达到合同验收条件，出具预验收意见书，作为正式验收的依据；预验收通过后，科技管理部门组织专业技术委员会进行正式验收，参考预验收意见书，对合同条款的履行情况进行会议评审确认，出具验收意见书，作为合同付款的依据；质量保证期结束后，专业委员会组织进行质量保证期验收，主要是对项目成果的质量和应用效果进行审查确认，出具质量保证期验收意见书，作为合同质量保证金付款的依据。包含软件研发的外协项目，委托应用软件专业研究室于预验收前对软件及程序源代码进行测试并形成测试报告，同时对软件版权归属是否符合合同约定进行审查确认。

（二）资料归档

在外协项目正式验收后 3 个月内，项目组负责按照资料归档管理相关规定完成外协项目资料归档工作，并履行资料包回收管理程序。

（三）付款管理

外协项目付款包括里程碑付款、决算款和质保期付款，由研究室按照财务规定履行付款审批手续，付款的进度和金额要与合同约定保持一致。

（四）后评估

外协项目结束，科技管理部门负责组织成果的推广应用，并在应用两年后组织对重点研发外协项目成果的应用范围、应用效果和经济效益等进行后评估。

第十一篇　员工晋级培训体系设计

在世界科技飞速发展的今天，企业和科研机构的竞争，实际上是人才的竞争，一方面要吸引高级人才加入，做优增量；另一方面需要对现有人力资源加大开发力度，做强存量。长期以来员工内部培训制度被广泛采用，显著提升了员工技术能力和技术水平，促进了员工才干增长和敬业创新精神的迸发，为企业和机构带来了巨大的商业利益。油公司研究院也十分重视员工培训工作，特别是随着勘探开发技术领域的不断拓展、对象的日益多元、技术难度越来越大，必须通过加强员工内部培训补齐科技人员在新视野、新知识、新技术上的短板。为此针对油公司研究院的特点设计了一套员工晋级培训体系，并得到了实际应用。

一、培训体系设计的方向

研究院员工晋级培训体系设计要坚持"战略目标指引、发展需求导向、技能素质兼顾、培训使用配套"的原则，为学科体系建设服务，为科技攻关提供高素质人才保障。

（一）战略目标指引

在发展战略的高度来认识员工的培训与开发，根据战略路径和战略目标，设计符合企业长远发展的培训体系。

（二）发展需求导向

培训体系建设要突出人才规划需求、人才能力需求、人才发展需求，根据发展需要培养一批具有技术高度（学术水平）、钻研深度（科研能力）、眼界宽度（知识面）的核心人才队伍。

（三）技能素质兼顾

培训的内容，除了文化知识、专业知识、专业技能的培训外，还应包括与研究院发展目标、企业文化、管理制度、精神文化充分结合的理想、信念、价值观、道德观等方面的培训，有利于德才兼备、与研究院价值观高度契合的优秀人才的成长。

（四）培训使用配套

岗位培训要与专业技术岗位序列匹配统一，相互融合、互为支撑、共为一体，形成系统完备的岗位管理体系。根据岗位职责及承担的工作任务，明确岗位任职资格条件标准，岗位培训要紧紧围绕岗位资质管理要求来开展。从实际工作需要出发与职位特点紧密结合，与培训对象的年龄、知识结构、能力结构、思想状况紧密结合，让员工通过培训掌握必要的工作技能，最终为提高企业的经济效益服务。

（五）终极目标

最终要构建科学合理、有效支撑学科体系建设、与岗位资质认证相匹配的阶梯式晋级培训体系，实现专业技术发展路线和人才成长发展路线相统一，着力培养符合战略发展需要、满足创新需求的科技人才队伍。

二、培训体系构成

培训体系包括培训类别、课程设计、培训方式、管理模式、管理制度等。

（一）培训类别

根据不同层级技术人员需求，将培训分为基础培训、提升培训和高端培训，实施分级分类管理。

（二）课程设计

课程设计首先需要进行总体框架设计，根据技术体系要求和核心业务的需要对培训内容进行体系化设计；在此基础上进行课程模块化设计，体现专业化。

（三）培训方式

针对培训模块内容性质，个性化选择灵活多样、富有实效的培训方式。

（四）管理模式

根据培训模块内容性质差异，实行院室两级管理。人力资源管理部门负责纳入研究院年度计划的培训项目，专业研究室负责本单位岗位培训。人力资源管理部门负责对培训需求调查、培训计划编制、培训项目实施、培训效果评估全过程实施管控。

（五）管理制度

制定培训课程、培训过程、培训考核、培训激励等配套的员工内部培训管理制度。

三、培训模块设计

（一）分层次设计培训方式

员工培训坚持分类管理、因材施教、共同提高的原则，紧紧围绕人才规划发展目标，明确不同类别、不同层次、不同专业、不同年龄结构人才培养对策，努力打造优秀人才队伍。主要组织开展基础、提升、高端3个层次的培训。

1. 初级培训——基础能力夯实培训

重点提高专业基本技能。培训对象为从事技术基础工作的一般技术人员和新毕业生，以三级、四级、五级工程师为主，通过培训使这些技术人员掌握基本技术技能、基本技术方法、基本工作规范，胜任科研辅助工作。培训方式主要为集中授课、实践操作、技能竞赛、岗位练兵、轮岗锻炼等，以研究室自主组织为主。

2. 中级培训——专业能力提升培训

重点进行专业技术领域拓展、专业技术新方向的跟踪等，提高专业能力。培训对象为从事专业技术工作的骨干人员，以一级、二级工程师为主，通过培训使这些专业技术骨干在专业方向上增加深度，在相关知识面上增加广度，在科研攻关上提升能力。培训方式主要采取"请进来"和"送出去"并举，选派技术骨干到知名高校进行脱产培训，邀请国内外专家学者讲学培训，以人力资源管理部门组织为主。

3. 高级培训——创新能力拓展培训

重点提高创新视野、创新能力。培训对象以技术专家为主，通过培训使专家的视野更开阔，创新思维更活跃，创新能力更强大，对学科的前沿方向把握更精准。培训方式采取以"送出去"为主的"学研训"结合方式，选派技术专家到国内外高校和研究机构进行访问学者研修、短期访问交流、参与合作项目等，开阔视野、拓展思维，以人力资源管理部门组织为主。

（二）分技术领域设计培训模块

1. 分级设计

分几个主要专业领域，按照由低到高分3个层级阶梯式设计培训课程模块。

初级培训模块主要是针对基础培训，注重夯实基本技能；中级培训模块主要是针对提升培训，注重专业技能的持续提升；高级培训模块主要是创新思维和创新能力提升的高端培训。培训模块内容包括基础理论、专业技术知识和主流应用软件使用操作。

2. 分级管理

采取由低到高逐级提升的阶梯式管理模式。分层级确定技术人员，根据培训模块层级，明确相应层级的专业岗位技术人员。分层级规定完成时限，一般设定为1～3年。

四、培训全过程管理

（一）自助式选择

人力资源管理部门负责构建员工培训信息管理平台，将全院年度培训项目计划信息在平台进行公开，提供给员工进行自主选择；员工根据自身岗位任职资质要求以及个人年度培训计划，通过在平台报名的方式自主选择年度培训项目；人力资源管理部门根据报名情况确定培训项目举办期次，以报名先后顺序划分培训班级，组织好班级管理及考核。员工只有在完成本层级岗位资质认证要求的所有培训模块学习并考核合格后，才能选择上一层级岗位资质认证所要求的培训模块。

（二）培训计划管理

1. 培训需求调查

坚持全员参与，采取"自上而下"和"自下而上"两种形式。"自上而下"是专业技术委员会依据油公司和研究院年度总目标，细化分解成具体阶段目标，分析实现阶段目标所需的知识、技能、素质等方面需求，盘点现有资源，分析差距，按照专业全覆盖、人员全覆盖确定培训模块内容。"自下而上"是人力资源管理部门广泛征求员工在专业技术岗位3年聘期内的培训需求意见及建议，有针对性地确定培训内容。

2. 年度培训计划编制

坚持系统性、普遍性、有效性的原则。专业技术委员会根据员工培训需求意见，有针对性地细化年度培训模块内容，明确培训目的、培训方式、培训对象及规模、培训时间及地点、组织负责人及费用预算等。人力资源管理部门负责将专业技术委员会确定的年度培训模块内容纳入研究院年度员工培训计划，经研究院审定后实施。

（三）培训实施管理

1. 创新优化教学方法

结合培训模块特点，进一步加强培训组织方式和教学方法的研究与实践，积极探索应用案例式、研讨式、互助式、分享式、网络式、实操式等教学方法，力求使员工获得最佳的培训体验，获得最好的培训效果。

2. 强化培训中管理

建立健全培训项目过程控制管理流程，注重培训通知、人员选派、课堂考勤、学习纪律、培训总结、结果考核等关键环节的过程管理。各专业系统负责对参训人员资格进行审查。对于内部培训，指定培训中心安排专人作为班主任负责班级日常管理；委托外部集中培训，采取与委托方双班主任联合管理的方式，受托方班主任侧重培训课程管理，委托方班主任侧重培训纪律和生活管理。班主任根据培训期间学员遵守纪律情况进行日常考核量化打分，其成绩作为学员考核依据。培训课程结束后，授课教师以答题或撰写论文等形式，对学习情况进行考试，考试成绩作为学员考核主要依据。人力资源管理部门根据日常考核成绩和考试成绩进行考核评价，依据综合得分划分优秀学员、合格学员和不合格学员。

3. 培训考核及资质认证

技术人员每年必须至少参加1个模块的学习培训。技术人员在规定的时限内完成规定的模块培训，经考核合格并取得相应的资质认证，达到岗位资质条件要求，才有资格参加上一层级模块学习。培训考核不合格，没有取得资质认证，需重新参加相应模块的学习培训，直到合格为止。资质认证只有达到岗位任职资质条件要求，才有资格参加相应岗位竞聘。

4. 考核结果应用

培训考核结果直接用于专业技术岗位资质认证；培训结果纳入专业技术岗位年度考核，并纳入人力资源开发平台管理；培训考核结果与个人奖金及所在单位业绩考核直接挂钩。人力资源管理部门负责将培训考核结果如实反馈给本人及所在单位。对不合格学员，单位领导负责对其进行教育管理。

5. 预先提醒

人力资源管理部门根据个人培训模块学习完成情况，负责预先进行警示性提醒，督促技术人员按期完成培训计划内容。

（四）效果评估管理

培训效果评估采取问卷调查和个体评估相结合方式。培训结束后，班主任组织学员开展学习效果调查，填写《学员培训学习收获自我评价调查问卷》，征求学员对组织管理、课程安排、培训形式、培训教师、个人收获等方面的意见和建议。人力资源管理部门负责汇总整理调查问卷结果，对提出的意见和建议进行分类整理分析，制定具体整改措施，促进培训管理工作持续改进。

（五）信息化管理

构建培训信息化管理平台，建立培训项目管理信息库、员工培训管理信息库和培训课件管理信息库，实现培训管理信息化和培训资源共享。

（六）培训制度管理

人力资源管理部门负责制定员工教育培训实施办法、工作细则等配套制度。

五、员工教育年度积分管理

1.建立员工培训年度积分认定标准

根据各级工程师岗位职责，按照一级工程师，二级、三级工程师，四级、五级工程师3个层次，分别建立培训年度积分认定标准，认定类别包括学习积分、奖励积分、惩罚积分3大类，每一类确定认定项目，每一认定项目设置不同的项目内容，每一项目内容赋予一定的积分标准，明确每项内容的认定责任部门（或单位）和认定依据（表11-1）。

表11-1 专业技术人员年度培训积分认定标准

类别	认定项目	认定项目内容	积分标准	认定依据	认定部门（单位）
学习积分	脱产学习	参加上级组织的培训	2分/天	培训记录	人力资源管理部门
		参加研究院的培训	1分/天	培训记录	人力资源管理部门
		国外学习培训	10分/次	培训通知	人力资源管理部门
	在岗培训	参加本单位的培训	2分/次	培训记录	基层单位
		师带徒	10分/人	培养协议	人事部
奖励积分	研讨交流	参加外部学术交流	5分/次	交流通知	人力资源管理部门、科技管理部门
		参加本单位学术交流	2分/次	交流记录	基层单位
	技术竞赛	参加研究院技术竞赛	5分/次	参赛记录	人力资源管理部门
		参加本单位技术竞赛	2分/次	参赛记录	基层单位
惩罚积分	培训考核	参加培训未达标	-3分/次	培训记录	人力资源管理部门
	培训纪律	无故缺席培训项目	-8分/次	培训记录	人力资源管理部门
		培训期间违反纪律	-15分/次	培训记录	人力资源管理部门
		培训手续办理滞后	-5分/次	考核结果	人力资源管理部门

2.建立员工年度培训积分档案

人力资源管理部门建立员工培训档案，记录员工本年度完成各个项目内容的培训积分。认定责任部门（或单位）按照积分认定标准对相关项目内容的培训积分进行认定。员工年度培训积分情况，须经员工本人确认签字、所在单位领导审核签字、人力资源管理部门最终认定并录入员工培训档案。员工年度培训积分情况是专业技术岗位年度考核的重要指标之一。

六、晋级培训体系设计实例

以油公司研究院为例,实际应用晋级培训体系设计方法,根据不同层次人才成长需求、不同岗位任务需求以及学科建设的要求确定培训课程内容。依据企业技术专家、各级工程师和一般技术人员3个岗位层级,将培训类别划分为创新能力提高培训、专业技能提升培训、基本技能筑牢培训3大类。按照系统性培训、模块化运作,各专业系统依据不同工作任务性质,设置3个类别培训课程模块。

（一）培训模块设计

1.基本技能筑牢培训课程模块

油气勘探专业：包括勘探部署、单井评价、储量研究、实验分析操作、化学试剂危害及防护、主流应用软件、地震资料处理解释等模块。

油气田开发专业：包括开发设计、储量研究、主流应用软件等模块。

信息工程专业：包括系统管理、编程语言、软件开发、数据库管理、网络管理、信息安全管理等模块。

2.专业技能提升培训课程模块

油气勘探专业：包括基础地质研究、储层评价、油气成藏、经济评价、产能评价、地球化学、工程技术、地震处理与解释技术、实验技术等模块。

油气田开发专业：包括精细地质研究、油气藏工程理论与新技术、储层研究、油层渗流物理、裂缝描述、提高采收率新技术、经济评价、低渗透油田有效开发技术等模块。

信息工程专业：包括服务器系统性能优化、集群系统应用开发、主流软件环境优化配置、云计算应用技术研究、网络安全技术、软件工程技术、大数据分析技术、数据库管理技术等模块。

3.创新能力提高培训课程模块

主要包括油气勘探、油气田开发、信息工程专业技术相关的新领域、新技术最新进展。

（二）培训方式

1. 基本技能筑牢培训

培训对象为具有助理工程师、技术员技术职称及以下的一般技术人员和新入职员工，以四级、五级工程师为主；培训方式主要采取院内集中授课、网络自学及现场操作指导等形式进行。

2. 专业技能提升培训

培训对象为具有较强技术技能及丰富工作经验的业务骨干，主要是一级、二级、三级工程师；培训方式主要采取与国内知名专业院校联合组织的形式进行，授课形式包括新理论讲授、案例教学、实际操作、专项研讨、互动式教学、研究性论文。

3. 创新能力提高培训

培训对象为研究室主任和技术专家；培训方式主要采取针对前沿技术攻关任务，选派专家到国内外知名科研院所或大公司，通过学习研修、项目合作等形式进行。

（三）培训过程管理

1. 培训需求调查

专业技术委员会将研究院年度总目标细化分解成阶段目标，分析实现阶段目标所需的知识、技能、素质等方面需求，盘点现有资源，分析差距，按照专业、人员全覆盖确定培训模块内容。

2. 培训计划编制

坚持系统性、普遍性、有效性的原则，"自下而上"确定培训计划。人力资源管理部门根据研究院发展规划和专业技术岗位管理的需要，进行专业技术人员培训需求调查，系统设计培训项目，编制员工培训3年规划；专业技术委员会负责详细设计年度培训内容，明确培训目的、培训方式、培训对象及规模、培训时间及地点、培训教师、组织负责人、评估方式及费用预算等；人力资源管理部门负责编制年度培训计划，经研究院审定后，正式下达计划实施。

3. 培训项目实施

坚持严格管理制度，严肃培训纪律，提升培训质量。结合培训项目特点，积极探索针对不同的培训类型、不同培训课程、不同培训对象的有效的教学方法；建立健全培训过程管理流程；制定培训管理实施细则，规范培训通知、人员选派、培训考勤、学习纪律、培训总结等过程管理，保证培训效果。

4. 培训效果评估

人力资源管理部门负责培训课程结束后组织针对学员、教师、管理人员的培训调查，采取问卷、座谈、个别访谈等方式，评估培训效果，了解对培训组织管理改进的意见和建议，制定整改措施，完成每个培训项目评估报告，年底要完成年度培训实施总结和效果评估报告。

5. 培训考核资质认证

根据学员日常表现和考试成绩进行考核评价，确定优秀学员、合格学员和不合格学员。综合测评在90分以上的（含90分），为优秀学员；综合测评为80～89分的（含80分），为合格学员；综合测评在80分以下的，为不合格学员。参加基本技能培训，考核评价为优秀学员、合格学员的，取得初级资格资质认证；考核评价为不合格学员的，不颁发资质认证证书。参加专业技能提升培训，考核评价为优秀学员的，取得高级资格资质认证；考核评价为合格学员的，取得中级资格资质认证；考核评价为不合格学员的，不颁发资质认证证书。

6. 培训奖惩

参加内部组织的基本技能培训和委托国内知名高校组织的专业技能提升培训的员工，培训时间在3天以内的，考核确定为不合格学员，扣发培训当月奖金的20%；培训时间为4～10天的，考核确定为不合格学员，扣发培训当月奖金的50%；培训时间在10天以上的，经考核确定为不合格学员，扣发培训当月全部日常奖金。

7. 结果应用

取得专业技术岗位资质情况作为专业技术序列各级工程师聘任和科技项目负责人选聘的基本条件之一；取得本专业领域高级资质人员有作为主要负责人在对规划、设计方案、储量研究等相关报告、图件、报表进行审核签字的资格，并有资格担任青年技术人员职业导师。

第十二篇　专业技术岗位资质管理

为了规范工程技术领域、金融和商务服务等行业的职业资格认定，国家在一些关键的工程建设、勘察设计、财务会计、法律等行业采取了专业资格认证制度，建立统一认证规范，统一组织全国性的资格考试，颁发统一的资格证书。对于石油勘探开发这类设计规范性差异大的行业，还没有统一的认证规范和认证制度，这些行业通常只能依靠专业技术职称和个人经历经验判断相关人员的能力选定设计师。因此，经常会有类似一口价值上亿元的油气勘探井的总设计师不敢选、选不出、选不对的窘境，严重的会因设计失误造成巨大的工程事故和经济损失。因此，非常有必要参照国家的专业资格认定做法，在生产设计和工程设计工作中，结合专业技术岗位序列管理，明确岗位设置和岗位技术技能要求及专业资格条件，按岗位要求选任，建立人岗匹配的专业技术岗位资质管理体系。以油公司石油勘探开发部署设计领域为例，探索专业技术岗位资质管理的新路。

一、专业技术岗位资质管理基本思路

专业技术岗位资质管理的范畴定位在生产设计和工程设计工作。基本思路就是以满足生产设计和工程设计岗位任务需要为目标，坚持岗位职责、岗位资质、专业资格相统一的原则，按技术领域和业务类别确定专业设计方向；按专业设计方向的内容确定需要设置的岗位，按岗位职责确定完成这些职责需要的岗位技能，按照专业细分确定具备这样的资质需要获得哪些专业资格认证（表12-1）；建立专业技术人员与特定岗位需要的胜任度评价标准和评价流程，让项目管理部门知道什么样的岗位需要什么样的人，让专业技术人员知道自己具备的能力能胜任什么样的岗位，认清自己胜任更高要求岗位需要努力的方向和目标。

表 12-1 资质管理的流程

主要内容	确定依据
专业设计方向	根据技术领域和业务类别确定
专业设计岗位设置	根据项目管理、专业设计和辅助设计的需要设置岗位
专业设计岗位资质	包括专业知识、专业技能、管理技能、技术攻关能力、法规及标准规范的运用能力
专业资格	包括技术职级、专业技能、管理技能

二、专业技术岗位资质管理体系的构成

（一）专业设计方向设定

按照大的专业领域和业务类型设置专业设计方向。大的专业领域是指企业的核心业务，例如，油公司大的核心业务可以分为石油天然气勘探、油气田开发两大技术领域。企业大的专业设计业务可以分为4类：第一类是规划设计类，为企业大的业务发展规划和生产规划；第二类是部署设计类，为大的综合性生产任务的部署和设计；第三类是方案设计类，为大的生产实施方案设计；第四类是工程设计类，为大的专业工程设计。表12-2为油公司研究院专业设计方向设定实例。

表 12-2 油公司研究院专业设计方向设定

技术领域	业务类型	设计项目设置
石油天然气勘探	规划设计	石油天然气勘探规划设计
	部署设计	石油天然气勘探部署设计
	方案设计	石油天然气勘探方案设计
	工程设计	石油天然气勘探工程设计
油气田开发	规划设计	油气田开发规划设计
	部署设计	油气田开发部署设计
	方案设计	油气田开发方案设计
	工程设计	油气田开发工程设计

（二）专业设计岗位设置

根据专业设计方向的项目管理、专业设计和辅助设计的需要，设置不同的岗位层级。其设置应与本专业领域学科技术发展方向相一致，与专业发展

的方向和人才培养的目标相一致，与专业设计核心任务相匹配。参照国家工程设计专业管理的做法，按照三级设置。

1. 首席设计师

首席设计师是专业设计方向具体设计项目的负责人，也是在项目实施过程中设计方的代理人。负责组织项目的方案设计、技术设计、施工图设计，解决工程设计中的相关技术问题；主持制订项目总体计划和进度计划，监督各专业设计进度与质量；代表项目方履行合同执行中的有关技术、工程进度、现场管理、质量检验、结算与支付等方面工作；负责项目的基础管理工作，保证各文件、资料、数据等信息准确及时地传递和反馈，及时进行工程结算、清算；遵守国家法律法规及业主和项目方的各项规章制度。

2. 专业设计师

专业设计师是分专业子项目负责人，在首席设计师领导下完成子项目设计任务。制订本专业设计进度计划和任务分工；组织做好本专业项目的方案（初步）设计、技术设计、施工图设计，解决工程设计中的相关技术问题；负责指导本专业设计人员的设计工作、检查设计成果、控制设计进度和设计质量、完成设计资料的归档；负责开工前的技术交底、施工过程中的设计洽商变更和补充图纸、项目实施后的回访和设计总结；遵守国家法律法规和业主与项目方的各项规章制度。

3. 助理设计师

助理设计师具有特定专业技术能力，主要职责是辅助首席设计师和专业设计师完成项目有关的设计工作。

（三）岗位资质设定

岗位资质泛指完成岗位工作所具备的条件、资格、能力等，以相关的专业技术和管理方面的知识和技能为主。要让岗位资质的设定变成一种明确的导向，人力资源管理部门要按照技术人员对获取更高资质的需求制订培训计划，技术人员要对照不同层级的岗位资质要求，找准自身的优势和不足，确定努力方向和目标，自觉主动地参与专业培训和岗位实践锻炼，提升自身能力和水平，朝着设定的目标努力。

1.岗位资质主要内容

专业设计岗位资质主要包括：核心专业知识、专业技术的掌握和熟练运用能力；专业技术方法、通用设计方法和设计工具的熟练应用能力；项目管理、项目团队管理、商务管理能力；特定技术难题创新攻关能力；国家和企业相关法律法规及规章制度、技术标准规范的掌握运用能力。

2.岗位的资质要求

首席设计师需要具备与项目和项目组合管理涉及的特定领域相关的知识、技能和行为，即角色履行需要具备的技术能力和管理能力。专业能力上要体现"主体专业精、相关专业通"，核心专业方面具备专家的水平，体现"专"，相关主要专业方面要体现"宽"，具备多专业融合能力；具备较强的项目管理能力、团队建设能力、战略和商务管理能力。

专业设计师需要具备与项目特定领域相关的知识、技能和行为，即角色履行的技术能力和管理能力。在核心专业能力方面具备专家的水平，具备相关专业融合能力；具备较强的项目管理能力、计划控制和质量控制技巧、沟通协作能力。

助理设计师需要具备辅助完成设计工作相关的基本专业技术知识；特定专业技术能力和较强的技术方法、专业工具的熟练运用能力；较强的执行力和质量控制技巧、沟通协作能力。

（四）专业资格的达成

专业资格是为获得技术岗位资质而必须具备的特定先决条件，由一系列专业资格构成，包括3类专业资格。专业职级资格，主要认定基本的专业能力，包括对基本知识、基本理论、技术方法掌握的系统性、完备性和应用创新的能力；专业技能资格，主要认定在主导专业和主要相关专业方面的技能水平，包括相关技术、相关应用工具、相关技术标准规范的技能水平；管理技能资格，主要认定专业设计项目管理相关的项目管理、团队管理、商务管理方面的技能水平，以及国家和企业相关法律法规及规章制度、技术标准规范的掌握运用能力等。专业职级资格主要依托专业技术岗位职级来确认；其他两类资格主要依托相关行业和企业内部的认证平台、培训平台来确认。

按照岗位职责、岗位资质、专业资格"三位一体"的总体构想，紧密结合专业技术岗位职级管理要求,构建与岗位职责相匹配的专业技术岗位资质管理体系和相应的专业技术岗位培训管理体系,全面构筑起有效支撑学科体系建设的岗位管理大构架,有效支撑学科技术发展,满足科研生产需要,推动发展战略的实施。

三、专业设计岗位资质和资格管理

（一）专业资格获取

专业资格是获得专业设计岗位资质的基础,有如下 3 种获取方式。

1. 国家或行业组织的专业认证

专业设计岗位相应的专业有国家职业资格认证条件的（计算机科学、信息技术、金融、财会等）,技术人员可以参加全国性的专业资格考试,取得相应的认证资格可以按照内部高一级资格认定。中级以上资格认定为内部高级资格；初级资格认定为内部中级资格。

2. 特定专业资格认证

针对在国家专业部门、行业协会等组织的有关技术领域专业技术大赛、职业技能竞赛等获得奖励的技术人员,根据获奖等级制定相应的专业资格认定标准,获得一等奖人员和获得二等奖前两名获奖人员认定为高级专业资格；获得二等奖其他人员和获得三等奖前两名获奖人员认定为中级专业资格；获得三等奖其他获奖人员认定为初级专业资格。

3. 内部培训认证

专业技术委员会根据学科体系建设目标及核心技术发展方向,系统设计本专业领域技术三级培训模块体系,明确不同层级人员在规定的时间内必须完成相应的模块培训,人事部门将专业领域的技术培训模块纳入年度培训计划。技术人员按照岗位任职资质条件要求,在规定的时间内,可自主选择相应模块进行学习培训,经培训考核评价,完成培训内容并考核合格的学员,获得相应层级的专业资格认证,考核评价为不合格学员,不能获得认证资格。

（二）专业设计岗位资质管理

1. 归口管理

科技管理部门为不同层级岗位任职资质的确定及相应专业资格条件设计

的归口管理部门；人事部门为专业技术岗位资质和专业资格认证、晋级培训的归口管理部门。

2.资质应用

将专业技术岗位资质认证情况作为项目负责人的选聘必要条件；将员工资质认证情况纳入专业技术岗位年度考核内容；资质认证是与参与科研设计项目报告、图件、报表审核的基本条件；取得高级专业技术资质认证，是担任职业导师的基本条件。资质认证结果作为个人绩效档案的一部分，纳入人力资源开发管理平台进行管理。

四、在石油勘探井位部署设计上的应用实例

（一）工程设计项目的确定

石油勘探最重要的工作就是在基础地质研究、地球物理勘探、实验分析等研究工作的基础上，确定地下地质条件和有利的油气富集区带，部署勘探井位，设计相关的井位坐标、目的层位、钻井工程参数、探井测试要求等。勘探井位部署设计工作涉及石油地质、石油工程、地球物理、实验分析测试、经济评价、信息工程等多个专业，也是勘探专业最重要的工作。勘探部署设计工作按照大的专业领域（勘探）和业务类型设置（部署设计）确定为"油气勘探井位部署设计项目"。

（二）岗位资质和专业资格要求

1.首席设计师

专业职级资格：专业技术岗位职级为一级工程师及以上。

专业技能资格：主导专业要具备石油地质专业相关的基础地质研究、油气藏评价技术的高级专业资格；要具备地球物理、实验分析、信息工程等主要相关专业技术的中级专业资格；要具备地震勘探资料解释、测井资料解释、油藏描述等专业应用工具及软件应用中级专业资格。

管理专业资格：要具备项目管理高级专业资格。

2.专业设计师

主要包括油气勘探地质、油气勘探评价、勘探地球物理、油气实验地质、

地球物理测井5个专业设计师。

专业职级资格：专业技术岗位职级为二级工程师及以上。

专业技能资格：主导专业高级专业资格、主要研究工具及软件应用高级专业资格；相关专业主要应用工具和软件中级专业资格。

管理技能资格：项目管理中级专业资格。

3. 助理设计师

主要包括油气勘探地质、油气勘探评价、勘探地球物理、油气实验地质、地球物理测井5个专业方向。

专业职级资格：专业技术岗位职级为四级工程师及以上。

专业技能资格：主导专业中级专业资格、相关主流研究工具及软件应用中级专业资格；主要相关专业主要应用工具和软件初级专业资格。

管理技能资格：项目管理初级专业资格。

（三）岗位资质管理

将岗位资质条件汇总到一张表上，作为项目设计、岗位设计、项目组人员选聘的主要依据（表12-3）。

表12-3 油气勘探部署设计岗位资质条件设计

专业领域	油气勘探		
业务类别	部署设计		
设计项目	石油勘探部署设计		
岗位设置	首席设计师	专业设计师	助理设计师
任职资格 - 专业职级资格	一级工程师及以上	二级工程师及以上	四级工程师及以上
任职资格 - 专业技能资格	油气勘探评价高级专业资格；地球物理、实验分析、信息工程等专业相关技术的中级专业资格；地球物理勘探资料解释、油藏描述等专业应用工具及软件应用中级专业资格	油气勘探评价高级专业资格；主流研究工具及软件应用高级专业资格；相关专业主要应用工具和软件中级专业资格	主导专业中级专业资格；相关主流研究工具及软件应用中级专业资格；相关专业主要应用工具和软件初级专业资格
任职资格 - 管理技能资格	项目管理高级专业资格	项目管理中级专业资格	项目管理初级专业资格

第十三篇　全面绩效考核

绩效考核是组织为了提高运营管理水平、提升业务绩效而开展的管理行为，主要通过关注各项工作的成效评估，来实现对完成工作人员的绩效评价，进而评估单位和部门的绩效。这里所说的"全面绩效考核"，就是要体现对工作、对人、对单位3个维度的考核，体现了各层次考核的差异性和统一性。考核的根本目的是为薪资管理、职务升迁、绩效改进提供重要的依据，使个人潜能得到最大限度地发挥、各项工作取得最大成效、组织获得最大的利益。本篇以油公司研究院为实例，进行"三位一体"的全面绩效考核系统建设的探索实践。

一、绩效考核系统的基本框架

（一）"三位一体"的全面绩效考核系统

机构内部组织的绩效考核，根据对象分为对个人的考核、对工作的考核和对单位的考核，实际操作时往往各自独立，造成考核工作量大，相互之间重复。实际上，单位（部门）的基本构成是人，人的作用就是完成组织的各项工作任务，所以人的绩效体现在所承担的各项工作上，而单位承担的各项工作的绩效反映了单位的总体绩效。由此可见，工作绩效是对个人和单位考核的基础，通过个人在工作绩效中的贡献分解到人，就是人的绩效；多项工作绩效的综合就是单位绩效。因此，要把相互联系、互为印证的工作（Project）、个人（Person）和单位（Organization）三者作为整体来设计绩效考核体系，这就是"三位一体"的绩效考核系统，简称PPO（图13-1）。

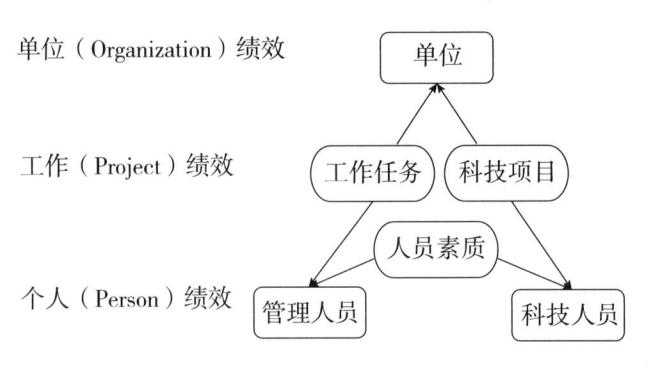

```
单位（Organization）绩效          单位
                                  ↑
                            ┌─────┴─────┐
工作（Project）绩效      工作任务    科技项目
                            │    人员素质    │
                            │    ┌────┐    │
个人（Person）绩效       管理人员         科技人员
```

图 13-1 PPO 绩效考核体系

（二）考核的基本内容

1. 工作绩效

科技项目：以项目计划书为抓手，按照项目管理流程和办法进行考核，重点考核项目的计划完成情况、指标完成情况、项目管理情况（经费执行、合规管理等）、应用效果等。

工作任务：项目之外的各种工作任务。这些任务的考核抓手是工作任务书。重点对照任务书考核计划进展、效果、成效等。

2. 个人绩效

根据组织内部人员从事的工作性质分为科技人员和管理人员。科技人员是指直接参加科学技术活动或直接服务于科学技术活动的所有人员，包括工程师、技术员和辅助人员。管理人员是指组织内部行使管理职能的各级领导人员。个人绩效最直观的表现就是就是工作绩效，除此之外，也需要进行个人素质能力评估。

人是管理的最核心要素，人的素质和能力决定工作的成效、组织的成效，所以要高度重视人员素质和能力的评估。个人素质能力评估可以反映素质与能力的匹配度、岗位与素质能力的适应性，以及确定哪些个人素质能力是影响绩效的主要因素。知道这些，就可以更准确地进行工作分析，确定岗位的胜任要求和组织的核心能力，准确定位培训需求，设定准确的绩效指标，帮助企业建立有效的薪酬体系。科技人员进行360度职业素养测评，主要包括科学精神、敬业精神、团队合作、基本素质等。管理人员主要进行素质和能力的综合测评。

3.单位绩效

单位绩效是指机构在某一时期内完成的任务和目标的数量、质量、效率及效益情况。机构绩效实现是建立在个人绩效实现的基础上，机构的绩效指标按一定的逻辑关系被层层分解到每一个工作岗位以及岗位上的每一个人，只要每一个人达成了组织的要求，机构的绩效指标就实现了。

二、工作绩效考核

（一）科技项目考核

科技项目及人员考核坚持"公平公正、分级分类、逐级负责、工效挂钩"原则，包括项目评审考核和项目人员月度考核，考核结果与项目绩效奖金和项目人员月度奖金发放挂钩。

1.考核管理及考核内容

科技项目考核由专业系统的技术专家组对项目任务完成情况、技术创新、成果质量、支撑作用等进行评审考核；研究室技术委员会对本室承担项目进行评审把关，重点对基础工作进行评审考核；科技、人事、财务、经营管理等部门对项目经费管理、合规管理工作进行评审考核。

考核内容包括项目管理、技术成效、应用效果三部分（表13-1）。项目管理（权重15%）主要包括计划执行、管理规范性、费用管理等。技术成效（权重70%）主要包括技术指标、成果应用、有形化成果等；应用效果（权重15%）主要包括市场影响、投入产出、人才培养等。考核频次为中期和年终两次，中期评审考核项目技术成效，采取会议、函审等方式进行分级分类评审考核；年终评审通过科技项目考核平台考核项目技术成效、经费管理、合规管理。

表13-1 科技项目考核主要内容

一级指标	二级指标	计分标准
项目管理	计划执行	项目计划执行情况；工作过程性资料完备
	管理规范性	计划实施的严格性；管理资料齐全准确率；实施的标准化、规范化程度；资源（包括人财物）调配效率
	费用管理	包括指标控制、经费执行率、基础工作管理等

续表

一级指标	二级指标	计分标准
技术成效	技术指标	主要技术指标达到国际先进水平5分；达到国内先进水平3~4分；达到行业先进水平1~2分
技术成效	成果应用	产品产量达到设计规模，产品、设备、技术升级已实现产业化。年销售收入在500万元以上、200万~500万元、200万元以下分别得9分、8分、7分；已通过中试并鉴定得6分；已通过小试并鉴定得3分
技术成效	有形化成果	国内外发明专利、研制新设备、注册软件、专业标准等
应用效果	市场影响	项目产品的市场需求度和满意度；相关部门的认定和市场的认可情况
应用效果	投入产出	预估的项目相关的理论、技术、产品应用产生的直接效益和间接效益与项目投入之比
应用效果	人才培养	依托科研项目培养一支创新团队，培养科技人员在10人以上、5~9人、5人以下分别赋值3分、2分、1分

2.考核指标确定及权重计算

每个二级指标根据实际确定评价因素，给出相应的评分标准。

考核指标确定之后，考虑到一级指标之间的权重有差异，一级指标内的二级指标权重也有差异，需要对指标赋予不同的权重。权重的确定采取判别矩阵分析法，组织专家进行评分统计，建立两个指标重要性比较的判断标尺；之后采取专家评判的方式，依据判断标尺对指标进行比对，确定比较指标的差别程度值，建立判别矩阵，计算特征向量即为指标的权重。

3.考核结果计算及应用

第一步：考核部门根据各类项目的考核评价表，确定一类、二类评价指标的权重以及二类评价指标评价因素的评分标准。

第二步：专业评审组根据评分标准对各类项目评价因素进行打分。

第三步：管理部门根据一类、二类评价指标权重计算每个项目的综合评分。

第四步：考虑到同一个专业系统不同评审组的评审结果存在系统差异，需要采用组平均值或中位数拉平的方法进行不同评审组之间的系统校正。

第五步：中期评审考核和年终评审考核评分分别按照40%和60%的比例计入年度总评分。

第六步：按专业对项目按总评分由高分至低分进行排序，排名前 30% 的项目在 90 ~ 100 分赋值、中间 60% 的项目在 80 ~ 89 分赋值、后 10% 的项目在 60 ~ 79 分赋值，即得到项目的排位总评分。

第七步：考核通过的项目，按考核得分从高到低排序分为 A、B、C 三档，原则上 A 档占比不超过本专业项目总数的 30%，按照项目绩效奖金基数的 120% 兑现；C 档占比不低于本专业项目总数的 10%，按照项目绩效奖金基数的 90% 兑现；其余项目为 B 档，按照项目绩效奖金基数的 100% 兑现。

（二）工作任务考核

工作任务是由上级主管部门或本单位安排的重要工作，需要制定工作任务书进行专项任务管理。工作任务的考核实行关键业绩考核（KPI），任务书要设定 KPI 指标和考核标准。

1. 任务书

工作任务书要明确任务管理的全过程，包括以下主要内容（表 13-2）。

（1）明确任务的来源，是由哪个部门或领导下达的，这就明确了接受任务的人或团队要向谁负责、执行过程要接受谁的指令。

（2）明确任务的主要内容，包括工作量、指标、需要提交的成果内容等。

（3）明确完成工作任务需要的资源条件，包括设备、软件、人力资源、其他相关资源，具体到规格、型号、人员的技能要求、工作时间等。

（4）明确工作完成的标准、期限、监管部门、负责人等。

表 13-2　工作任务书

任 务 书	
工作任务编号：	
拟制人：	拟制日期：
批准人：	批准日期：
1. 工作任务基本信息	
任务名称： 任务描述： 任务约束：	

续表

2.工作任务输出							
工作产品	规模估计	复杂度估计	工程量估计	人员估计	时间估计	验收标准	产品接收人

3.工作任务资源需求				
资源	型号/人员/技术要求	数量	开始使用日期	结束使用日期
设备				
软件				
人员				
其他				

4.工作任务时限	
计划开始时间：	计划结束时间：

5.工作任务验收
验收标准：
验收责任人：

6.工作任务责任人
工作任务责任人：
签　名：　　　　　　　　　　　　　　日　　期：

2. 关键业绩考核指标的确定

关键业绩考核（KPI）是比较通行的工作考评方法，最关键的就是如何正确确定 KPI 指标。工作指标可以分为技术指标、效益指标和效率指标。

技术指标：主要包括输出产品的技术先进性、应用技术方法和工作流程的创新性等。

效益指标：工作的成本、输出产品的应用效益等。

效率指标：工作实施的资源使用效率、工作时效等。

KPI 指标的确定基于帕累托法则（Pareto's principle），即在任何一组事务中，最重要的只占其中一小部分，约 20%，其余 80% 尽管是多数，却是次要的，又称二八定律。假定选定的评定工作任务的几项指标，就能保证 80% 以上的任务目标的实现，这些指标就是 KPI 指标。采用专家评分统计分析的方法确定 KPI 指标（图 13-2）。

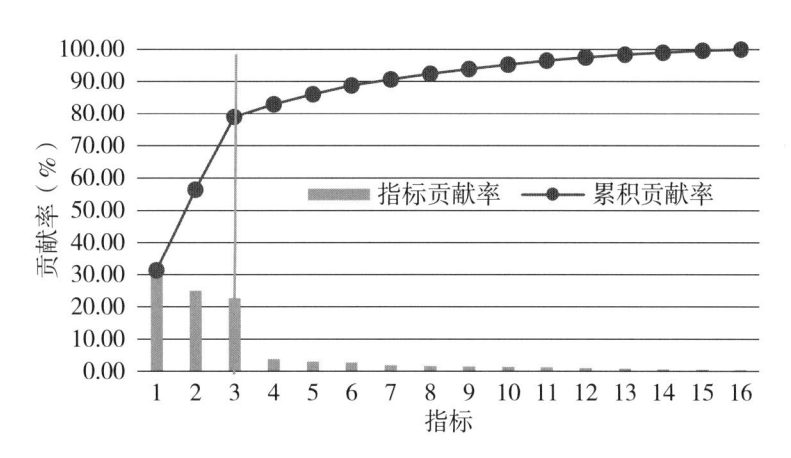

图 13-2　KPI 指标贡献率累积曲线

第一步：成立由管理部门主要相关人员、工作任务主要完成人员组成的评价组。

第二步：根据工作任务书，由评价组进行任务分析，确定较详尽的评价指标。

第三步：由评价组成员进行指标评分，规定每个人只能选择最主要的 5 项指标，并给出每项指标的贡献率（百分比），所有的指标贡献率总和不高于 100%。

第四步：统计所有指标贡献率的平均值，按照贡献率的高低排序。

第五步：按照指标贡献率从高到低，计算贡献率累积曲线，累积贡献率达到 80% 的几项指标即为 KPI，指标贡献率的归一化值即为每个 KPI 的权重。

第六步：制定 KPI 指标考核标准，加入任务书。

第七步：任务完成后，由管理部门根据任务书进行验收，对 KPI 指标进行评分。

第八步：KPI 指标评分与权重进行加权求和，即为工作任务的 KPI 考核得分。

3. 考核

根据工作任务确定的 KPI 指标，量化指标评价标准，作为工作任务书的验收标准。在工作任务完成后，由验收责任人组织验收给出最终分数。

三、个人绩效考核

(一)科技人员考核

1. 考核体系设计遵循的原则

(1)项目导向的原则。重点考核科技人员在科技项目完成绩效中的贡献。

(2)全面评价的原则。在重点考核项目绩效之外,还要对科技人员的学术贡献、单位安排的业务和管理工作完成情况、个人的职业素养进行全面评价。

(3)严考核硬兑现的原则。科技人员年度考核结果与岗位工资档级调整、年度绩效奖励挂钩,任期考核结果与岗位调整挂钩。

2. 考核架构设计

根据以上原则,科技人员考核指标体系由科技项目、工作绩效、特别附加和职业素养4部分构成,各部分权重分别为68%、20%、2%和10%(图13-3、表13-3)。

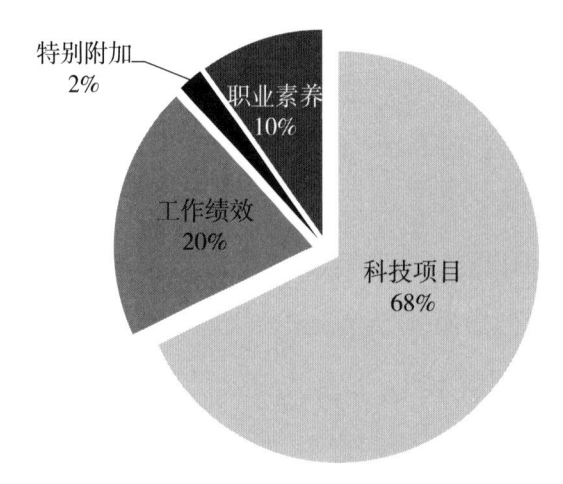

图 13-3　科技人员考核指标体系

表 13-3　科技人员考核要素

考核类别		考核内容	权重(%)
工作绩效	科技项目	个人在项目中的贡献	60
		成果奖励和有形化成果	8
	工作任务	单位重点工作	8
		学术贡献(技术把关、人才培养、学术交流)	12

续表

考核类别	考核内容	权重（%）
特别附加	个人荣誉	2
职业素养	科学精神	10
	敬业精神	
	团队合作	
	基本素质	

工作绩效包括科技项目和工作任务两个分指标。

科技项目完成情况是科技人员考核的最主要抓手，在总评结果中占比达到68%，重点考核个人在参与的科技项目中的贡献情况（60%），以及与参与的科技项目直接相关的科技成果获奖的情况和科技论文及专著（8%）。

工作任务重点考核科技人员完成所在单位的其他工作任务和管理任务（8%），以及科技人员的学术贡献（12%）。

特别附加绩效是指个人获得劳动模范、优秀员工、优秀党员等能反映组织认可的各种荣誉（2%）。

职业素养测评是为了更全面反映科技人员综合素质的360度全方位测评（10%）。

3.考核实施

1）科技项目中的绩效贡献考核

按照本篇中介绍的方法，对科技人员参与的科技项目进行考核，项目考核的结果作为基础，根据每个人在项目中的角色和贡献确定个人考核结果。

（1）确定每个人在项目中的贡献。主要依靠项目组内部的月度考核结果。为了消除不同项目组考核尺度的差异性，采取项目组内部排名并根据排名赋值的方法。第一种方法：由项目长每个月根据项目成员完成项目工作的数量、质量、效果、效率等对项目组所有成员进行贡献大小排队，将项目期每个月的排名进行平均即得到年内项目期的个人贡献排名。第二种方法：项目组的月度奖金由项目长根据项目成员完成项目工作的数量、质量、效果、效率等情况发放，所以项目期每个月的奖金相加排名也可以代表个人贡献排名。根据排名赋值，第一名赋值95%，最后一名赋值70%，中间采取70%~95%的线性赋值即得到项目组每个人的贡献系数。

（2）项目人员在项目中角色的影响。科技人员在项目中的贡献，也取决于在项目中的角色，可以分为项目长、核心技术骨干和一般人员3类，分别赋予角色系数1.0、0.9和0.8。

根据本篇给出的每个科技项目总评分的结果，项目组不同角色人员的总评分为项目总评分、个人贡献系数和人员角色系数3个参数的乘积。

2）成果奖励和有形化成果

科技成果奖励主要包括与项目直接相关的科研成果、设计成果和生产成果获得的各级奖励，可以分为3类。Ⅰ类主要包括科学技术奖、自然科学奖、技术发明奖、科技进步奖、技术创新奖、优秀专利奖、产业化贡献奖等；Ⅱ类主要包括规划奖、设计奖、重大技术革新成果奖、优秀标准奖、计算机软件成果奖、优秀生产成果奖等；Ⅲ类主要包括储量奖（报告）、技术成果奖励、五小成果奖、技术革新奖等。科技成果奖励的评价标准见表13-4，获奖人员指获奖励的等级内额定人员，以获得的最高奖励（加分最多）为主，获奖励的等级内额定人员的排列名次每降低1个名次，所确定的分值减2分。若获多项奖励，可根据获奖等级加分一次且加分不分排名，获国家级特等奖加8分，一等奖加7分、二等奖加6分、三等奖加5分；获省（部）级特等奖加7分，一等奖加6分、二等奖加5分、三等奖加4分；获市（局）级特等奖加5分、一等奖加4分、二等奖加3分、三等奖加2分。获奖总得分最高限定为100分。

表13-4 科研设计生产成果获奖评分标准

奖项等级	分值		
	Ⅰ类	Ⅱ类	Ⅲ类
国家级奖励或省部级一等奖	100	80	60
省部级二等奖	90	70	50
省部级三等奖或公司级特等奖	80	60	40
市、局级一等奖	70	50	30

续表

奖项等级	分值		
	Ⅰ类	Ⅱ类	Ⅲ类
市、局级二等奖	60	40	20
市、局级三等奖	50	30	10

有形化成果奖励是指与项目直接相关的学术论文和专著、发明专利、软件著作权、专业标准等。学术论文是指在正规学术期刊、专业学术会议发表的论文和正式出版的学术专著，论文的发表日期必须是任期内的，且与专业相符。被SCI、EI收录的论文独著100分，合著最高95分，每降低一个排名减5分；其他论文按照《中国科技期刊引证报告（核心版）》中综合排名前100名、101~300名、301~500名3个档次评分，并根据作者排名每降低一个排名减5分；参加国际或国家层面专业会议发表或交流的论文（论文集或专刊）参照上述标准；若有多篇论文，只统计省部级以上的，不分排名每多一篇加1分，论文总得分不超过100分（表13-5）。发明专利、软件著作权、技术秘密必须是独立开发完成且有效授权；发明专利按照第一发明人和其他发明人两个层次打分，其他发明人每降低1个排名减10分（表13-6）；国家标准、行业标准按照承担单位和参加单位分别计分，撰写人排名每降低1名减10分；企业标准按撰写人排名计分，排名每降低1名减10分（表13-7）。

表13-5　论文和专著评分标准

类别		独著最高分	合著最高分		
			排名第一	排名第二	其他排名
SCI、EI收录的论文		100	95	90	85
其他论文	（1）《中国科技期刊引证报告（核心版）》中综合排名前100名期刊论文； （2）国际或国家级层面专业会议发表或交流的论文	80	75	70	65
	（1）《中国科技期刊引证报告（核心版）》中综合排名101~300名期刊论文； （2）省部级层面专业会议发表或交流的论文	70	65	60	55
	（1）《中国科技期刊引证报告（核心版）》中综合排名301~500名期刊论文； （2）市、局级层面专业会议发表或交流的论文	60	55	50	45

表 13-6　专利和软件著作权评分标准

类　别	分值 独立开发完成 第一发明人	分值 独立开发完成 其他发明人	分值 外协合作完成 第一发明人	分值 外协合作完成 其他发明人
发明专利	100	0~90	70	0~60
软件著作权、集团公司技术秘密	100	0~90	60	0~50
实用新型专利	90	0~80	60	0~50

表 13-7　专业标准评分标准

类别	分值 承担单位	分值 参加单位
国家标准	0~100	0~80
行业标准	0~90	0~60
企业标准	0~80	—

3）单位重点工作

单位重点工作是指科技项目以外的所在单位的工作任务、临时性工作、辅助管理工作，由所在单位负责考核给出定量的评分（表 13-8）。

表 13-8　单位重点工作评分标准

考核内容	考核标准	分值
重要汇报材料、重点临时任务、单位管理工作	完成优秀	90~100
重要汇报材料、重点临时任务、单位管理工作	完成较好	80~90
重要汇报材料、重点临时任务、单位管理工作	完成一般或未完成	0~80

4）学术贡献

学术贡献是评价科技人员发挥技术把关、人才培养、学术交流等方面的作用情况，按照评价标准给出定量考核结果（表 13-9）。

表 13-9　科技人员学术贡献评价标准

考核内容	考核标准	分值
决策参谋（跟踪技术前沿、提供决策意见）	完成优秀	90~100
决策参谋（跟踪技术前沿、提供决策意见）	完成较好	80~90
决策参谋（跟踪技术前沿、提供决策意见）	完成一般或未完成	0~80

续表

考核内容	考核标准	分值
人才培养	带徒弟1名成为技术骨干	0~40
学术技术交流	在本单位组织学术交流至少1次	0~30
	撰写交流报告至少1篇	0~20
	参加院及以上学术交流至少1次	0~10

5）特别附加

根据当年获得的个人荣誉给予特别加分。国家级荣誉给予60~80分；省部级荣誉给予50~60分；市局级荣誉给予30~50分。

6）职业素养评价

主要包括科学精神（学术端正、实事求是、严谨严肃）（3%）、敬业精神（责任心、执行力、奉献精神）（3%）、团队合作（团结、沟通、协作）（2%）、基本素质（诚实守信、遵章守纪、热心公益）（2%）4方面。科技人员所在单位领导、项目长、项目组同事、单位其他同事进行评价，根据需要还可以设立否决指标，对学术不端、弄虚作假、违纪违规、违法泄密等情况采取一票否决（表13-10）。

表13-10 职业素养评价标准

考核内容	评分标准	权重（%）
科学精神（学术端正、实事求是、严谨严肃）（3%）	优（A+、A、A-） 良（B+、B、B-） 中差（C+、C、C-） 在60~100分之间间隔5分进行赋值	10
敬业精神（责任心、执行力、奉献精神）（3%）		
团队合作（团结、沟通、协作）（2%）		
基本素质（诚实守信、遵章守纪、热心公益）（2%）		
否决指标	学术不端、弄虚作假、违纪违规、违法泄密造成严重后果和影响的，职业素养为零分	

（二）管理人员考核

管理人员的考核主要由工作任务考核和综合测评构成。

1. 工作任务考核

管理人员的工作包括一般的管理职责和一些特定的工作任务，可以实行任务书管理，按照本篇前述方法来执行。

2. 综合测评方法

根据企业研究院的特点，制定了一套有针对性并考虑对象差异的管理人员测评指标设计和评价方法，详见本书第三篇。

四、单位绩效考核

（一）考核内容

这里所说的单位是指研究院下属的分支机构（基层单位），单位绩效考核主要考虑核心业务（科技项目）、重点工作、基础管理（行政管理和党群管理），还需要考虑特别附加的因素（单位获得的荣誉等）。

1. 核心业务（科技项目）

按照本篇前述方法对单位承担的科技项目进行评审考核，项目总评分的平均值作为单位核心业务的总评分（D_1）。

2. 重点工作

单位承担的其他工作任务实行任务书管理，按照本篇前述方法对工作任务进行考核评价，任务总评分的平均值作为单位重点任务的总评分（D_2）。

3. 基础管理

单位的基础工作主要包括质量控制、计划管理、成本控制和人员管理4个方面（表13-11）。

质量控制是保证单位提交的产品质量的关键。以科技任务为主的单位（研究室）的产品主要是科研成果、设计方案，要对单位负有的科研和设计工作过程质量把关、成果验收把关、问题监督整改的责任履行情况进行考核，重点考核质量管理组织的健全性、质量控制措施的有效性、执行质量标准的严格性。

以科技任务为主的单位实行计划管理，科技项目以项目计划书为抓手，工作任务以工作任务书为抓手。重点考核计划完成情况、计划目标完成的先进性、计划控制措施的有效性、计划实施过程的受控性。

成本管理主要是指科技单位承担项目和工作任务费用的管理，可以考核直接费用，也可以在直接费用的基础上将房屋、水电、设备、软件等间接费用摊销到相应的项目和工作任务上进行全成本模拟。重点考核经费计划完成的效果、经费使用的合规性、经费控制措施的有效性。

人员管理重点要考核人员调配的科学性、人员考评措施的有效性、人员发展激励的效果（薪酬、培训等）。

以上4个方面12个考核指标分值60～100分，全部指标评分的平均值即为基础管理的总评分（D_3）。

表 13-11 基础管理评价标准

考核内容	考核标准	分值
质量控制成效	质量管理组织的健全性	60～100
	质量控制措施的有效性	
	执行质量标准的严格性	
计划管理成效	计划目标完成的先进性	
	计划控制措施的有效性	
	计划实施过程的受控性	
成本控制成效	经费计划完成的效果	
	经费使用的合规性	
	经费控制措施的有效性	
人员管理成效	人员调配的科学性	
	人员考评措施的有效性	
	人员发展激励的效果	

4. 特别附加

包括单位获得的各级科技成果奖项（科研成果、设计成果、专利、技术标准等）、科技管理奖项［技术革新、管理创新、质量控制（QC）］、集体荣誉（行政和党群系统先进集体）等（表13-12）。各项指标的评分4～10分，按项单独计分，所有项评分和即为特别附加总分（D_4）。

表 13-12　特别附加评价标准

项　目	加分
科技成果（技术创新、优秀方案）	7~10
专利类成果（授权发明专利、软件著作权）	5~7
技术标准	5~7
管理创新成果	4~6
技术革新成果	4~6
QC成果	4~6
先进集体	7~10
先进党组织	7~10

5. 否决指标

可以设置经费指标（经费使用不超预算指标）、安全指标（不发生一般C级以上工业生产安全事故）、稳定工作（无因工作失误、失职导致队伍矛盾激化或不稳定）为否决指标，实行一票否决。

（二）考核计分及结果应用

1. 权重确定和计分方法

按照本篇给出的判别矩阵分析方法确定核心业务、重点工作、基础管理、特别附加4个因素的权重，与4个因素的总评分进行加权求和，即为单位的考核总评分。

2. 考核结果的应用

考核结果与年度单位绩效奖励挂钩，考核总评分排名前20%按照基数的120%兑现，排名后20%按照基数的80%兑现，排名中间的60%按照基数的100%兑现；与年度先进单位评选挂钩，分数排名前20%的单位才有入选资格。

五、绩效考核组织管理

（一）绩效考核组织分工

1. 绩效考核领导机构

成立研究院绩效考核委员会，主要负责绩效考核管理办法及配套考核政策的审定；年度和日常考核指标的审定；年度和日常考核结果及奖励兑现方案的审批等。院长任主任，主管经营管理的副院长任副主任。

下设绩效考核办公室，为研究院绩效考核委员会日常机构，负责绩效考核管理办法及配套考核政策的拟定；年度和日常考核工作的组织与协调；考核内容、指标及评分标准的确定；考核结果计算、汇总及奖励兑现方案的拟定、实施和意见反馈等。办公室主任由绩效考核部门正职担任。

2. 绩效考核执行机构

经营管理部门为绩效考核工作主责部门，负责绩效考核体系的设计、考核制度制定、PPD考核安排和协调；负责对单位考核的组织实施、考核结果的整理和汇总、提出考核结果的应用意见（考核奖励、先进单位评选）；也是单位绩效考核工作的组织实施部门，负责考核实施细则的制定、考核的组织实施、考核结果的整理和汇总、提出考核结果的应用意见（内部先进集体评选、上级先进集体推荐）。

人力资源管理部门为个人绩效考核工作的组织实施部门，负责考核实施细则的制定、考核的组织实施、考核结果的整理和汇总、提出考核结果的应用意见（岗位工资调整、个人奖励）。

其他相关业务部门（科技管理、生产管理等部门）为项目和工作任务绩效考核工作组织实施部门，负责考核实施细则的制定、考核的组织实施、考核结果的整理和汇总、提出考核结果的应用意见（项目奖励、工作任务奖励）。

（二）考核分类

1. 科技项目分类

科技项目分为科研、设计和生产3类，不同类型项目的性质差异，要考虑评价指标的差异性。

科研项目是指技术攻关项目，可以进一步细分为应用基础研究和应用技术研究项目，应重点评价创新性、技术水平、应用效果（表13-13、表13-14）。

表 13-13　应用基础研究项目

一级指标	二级指标	评价因素
项目管理	计划执行	项目计划执行和工作过程性资料完备情况
项目管理	管理规范性	是否按计划实施；管理资料齐全准确；实施的标准化、规范化程度；资源调配效率和合理性
项目管理	费用管理	指标控制、经费执行率、基础工作管理的评价
技术成效	技术指标	研究思路、技术水平、主要性能参数、技术和经济指标的先进程度；技术方法的创新性和开拓性
技术成效	科学价值	项目的科学发现所具有的价值和意义；提出的学术思想、观点，或相关实验、实证情况；项目科学探索的深度、广度，理论的系统性和完善程度
技术成效	成果应用	学术结论和成果的认可及应用情况
技术成效	有形化成果	发明专利申请、新设备研制、软件注册情况
应用效果	市场影响	项目技术和产品的市场需求度和满意度、相关部门的认定、市场的认可情况
应用效果	投入产出	预估的项目相关的理论、技术、产品应用产生的直接效益和间接效益与项目投入之比
应用效果	人才培养	依托项目培养创新团队和技术人才情况

表 13-14　应用技术研究项目

一级指标	二级指标	评价因素
项目管理	计划执行	项目计划执行和工作过程性资料完备情况
项目管理	管理规范性	是否按计划实施；管理资料齐全准确；实施的标准化、规范化程度；资源调配效率和合理性
项目管理	费用管理	指标控制、经费执行率、基础工作管理的评价
技术成效	技术指标	研究思路、技术水平、主要性能参数、技术经济指标的先进程度；技术方法的创新性和开拓性；技术重用度和可推广性
技术成效	成果应用	技术成熟度；技术和产品的应用规模
技术成效	有形化成果	发明专利、新设备研制、软件注册情况
应用效果	市场影响	项目产品的市场需求、相关部门认定和市场认可情况
应用效果	投入产出	预估的项目相关的技术、产品应用产生的直接效益和间接效益与项目投入之比
应用效果	人才培养	依托项目培养专业技术团队和技术人才情况

设计项目是指各类部署、设计、规划、方案等项目，重点评价设计方法的先进性、设计方案的合理性、方案实施的指标符合率等（表 13-15）。

表 13-15 设计项目

一级指标	二级指标	评价因素
项目管理	计划执行	项目计划执行和工作过程性资料完备情况
	管理规范性	是否按计划实施；管理资料齐全准确；实施的标准化、规范化程度；资源调配效率和合理性
	费用管理	指标控制、经费执行率、基础工作管理的评价
技术成效	技术指标	设计方案主要技术经济指标的先进程度
	成果应用	设计方案的实施率、主要指标的符合率
	有形化成果	发明专利、新设备研制、注册软件
应用效果	市场影响	用户对设计技术和设计方案的认可

生产项目是指为科研和设计任务提供实验样品分析、各种技术资料处理加工、科技信息服务等生产任务，应重点评价工作量完成率、及时率、合格率，以及生产数据的标准化和规范化水平（表 13-16）。

表 13-16 生产项目

一级指标	二级指标	评价因素
项目管理	计划执行	项目计划执行和工作过程性资料完备情况
	管理规范性	是否按计划实施；管理资料齐全准确；实施的标准化、规范化程度；资源调配效率和合理性
	费用管理	指标控制、经费执行率、基础工作管理的评价
完成效果	任务指标	工作量、合格率、及时率
	支撑作用	对科研设计任务的支撑作用，用户满意度

2.人员分类

科技人员按照专业技术岗位考核，同一个岗位级别的科技人员按所属专业分别进行考核排序。一级工程师由所属专业考核组评审考核，二级—五级工程师在所属单位（研究室）考核排序。

管理人员按照岗位进行考核，分为单位和部门正职、副职和一般管理人员 3 个层级分别进行考核排序。

3.单位分类

依据各单位业务性质差异，将科研生产单位细分为综合研究、技术支撑和服务保障 3 类，差异化制定考核指标和内容，实行分类考核。

（三）考核程序

1. 科技项目考核

按照本书第八篇的验收考核程序执行。

2. 科技人员考核

（1）下发通知。绩效考核办公室下发考核通知，安排年度考核工作。

（2）个人填表。科技人员根据年度工作任务完成情况填报科技人员年度考核评审表。

（3）材料审核。所属单位对科技人员年度考核评审表中全部信息的真实性、有效性进行全面审核确认。

（4）材料公示。所属单位在对被考核人年度考核评审表审核确认后进行公示。

（5）考核评价。科技项目绩效由科技管理部门负责，根据科技项目的评审结果和项目相关成果，按照本篇前述方法进行考核评价；工作任务绩效由所属单位给出重点工作和学术贡献的评价；特别附加由人力资源管理部门负责给出个人荣誉的评价；职业素养测评由绩效考核部门组织。

（6）结果和等级划分。由人力资源管理部门负责汇总并分类排序；按得分排序结果强制分布 A（前 10%）、B（10% ~ 55%）、C（55% ~ 90%）、D 和 E（90% ~ 100%）5 个档次。

（7）考核结果审查公示。由绩效考核办公室汇总考核结果并提交绩效考核委员会审查，审查通过后予以公示。

（8）考核结果应用。人力资源管理部门依据年度考核结果对科技人员岗位工资档级进行调整，并按照考核结果确定绩效奖励标准。

（9）考核结果反馈。人力资源管理部门负责将考核结果向科技人员本人反馈，并指导帮助业绩较差的人员制订业绩提升方案，由所在单位监督实施。

3. 单位考核

（1）下发通知。绩效考核办公室下发考核通知，安排年度考核工作。

（2）基础信息表填报和审核。绩效考核部门负责对机构考核涉及的基础信息进行考核表填报，业务部门对基础信息的真实性、有效性进行审核确认。

（3）考核评价。由分管部门分别组织对考核单位涉及的科技项目、重点工作、基础管理、特别附加等按照本篇所述方法进行考核评价。

（4）结果和等级划分。由绩效考核部门负责考核结果汇总并分类排序，按得分排序结果分为 A（前 30%）、B（中间 50%）、C（后 20%）3 个档次。

（5）考核结果审查公示。由绩效考核办公室汇总考核结果并提交绩效考核委员会审查，审查通过后予以公示。

（6）考核结果应用。绩效考核部门依据年度考核结果确定单位绩效奖励标准。

（7）考核结果反馈。绩效考核部门负责将考核结果向单位进行反馈，并指导帮助业绩较差的单位制订业绩提升方案，并由所在的专业系统监督实施。

第十四篇　科技管理体系设计

科技创新是企业研发机构的第一要务，需要一套完备的科技管理体系做保障。这里讲的科技管理体系，主要是油公司研究院围绕促进、保障、有利于科技创新这个主题，配套完善战略导引、技术决策、技术管理、科技交流、科技组织等管理机制，使科技创新需要的资源得到最优配置，创新的热情得到最大限度激发，创新的风险得到充分管控，创新管理的效力得到充分保障。

一、递进式的科技战略导引机制

作为企业在全球化市场竞争环境中立足的重要保障，油公司研究院必须根据企业的总体战略，制定自身的发展战略，实施战略管理。战略管理是对研究院在一定时期内全局的、长远的发展方向、目标、任务、政策、资源调配做出的决策和管理，指引其在同行业的竞争中取得胜利。要保证战略的有效执行，关键是要建立把战略转变为最终的工作计划、实化为具体工作安排的机制，有效解决战略与实施两层皮的问题。将这一机制称为"战略导引机制"，以战略研究为基础，战略规划为主导，业务规划为保障，工作计划为抓手，逐步实现战略方案最终的落地实施，让战略成为发展的方向指引。

（一）战略问题分析

战略问题是指对研究院生存发展或实施战略的能力有重大影响的内部或外部的问题。战略问题研究是战略方向和目标的确定、战略路径选择的重要基础。

1. 战略问题确定

通过关注内外部环境中的相关信息，找到同行业先进机构进行对标分析，找到影响自身发展的各类问题；分析判断问题的重要性，区分出一般性问题和战略性问题，并根据重要性对战略性问题进行排队；通过与机构核心战略比较分析，找出对机构发展影响最大的几个核心战略问题，作为优先研究方向。

2. 战略问题研究

确定了战略研究问题，就要对这些战略问题开展全面研究，对问题的性质、产生的原因和发展的趋势有比较清楚的认识，对问题的解决或把握、控制提出一些基本的思路和方向性措施，为战略规划提供基础。

（二）战略规划部署

战略规划就是制定研究院的长期目标并将其付诸实施。首先，确定未来发展要达到的目标；目标确定了以后要考虑使用什么手段、什么措施、什么方法来达到这个目标，这就是战略规划。

1. 确定战略方向和目标

第一步：对机构自身现状进行 SWOT 分析，分析自身的优势、劣势，找出竞争对手并分析竞争对手的长处和短处，明晰所处的市场状况以及自身的机会。

第二步：基于分析的结果判断未来较长的时段内（5～10年）如果保持原有战略方向不做变革，会走到哪里，效果如何。

第三步：在预期效果不理想的情况下，就要考虑对内部和外部做哪些变革，预估这些变革对未来发展的影响，最后再决定要不要变革、怎样变革、达到什么样的变革目标。

2. 约束和政策设计

就是要找到环境和机会与自身拥有资源之间的平衡，设计最优的政策、措施组合，确保最大限度地发挥机构的长处，更好地利用外部资源，最快地达到战略规划目标。

（三）业务规划制定

战略规划制定以后，要制定相应的业务规划，包括科技发展规划、人才开发规划、市场开发规划、产品开发规划、财务管理规划等。业务规划的目的就是进行机会和资源的匹配,把战略规划的目标进一步实化为近期的任务(3~5年)。

战略规划和业务规划都是动态的,要根据环境条件的变化不断进行修订完善。可以实行滚动规划管理,战略规划实行10年规划、5年滚动实施,业务规划实行5年规划、3年滚动实施。

(四)工作计划安排

工作计划安排是战略规划最终落地的抓手,在业务规划的基础上对一定时期的工作预先做出安排和打算,属于年度计划。通过将工作目标分解到机构的每个部门、每个环节和每个人,让战略目标真正落地。

二、"委员会制"的科技决策机制

科研机构和高校的主要业务是科技活动,包括科技项目管理、科技交流活动、科技推广、学科建设、人才建设等,学术性和专业性强,需要建立内部专家为主、技术管理人员参与的学术机构,行使科技工作的最高决策权力。这样的机构在高等院校通常称为"学术委员会",科研机构通常称为"技术委员会"。研究院的"技术委员会"的技术决策职能具有职能的非行政性、组织的非固定性、决策范围的限定性特点,需要厘清与行政决策的关系、与行政部门的关系,建立一套有效的决策机制。

(一)机构组成及职责

技术委员会下设专业技术委员会、科技经费预算管理委员会、科学技术协会、技术委员会办公室。

技术委员会:由机构行政正职、分管专业工作副职、总师、首席技术专家、科技管理部门负责人组成。主任由院长担任,副主任由主管科技副职担任。主要负责科技管理相关的规划、计划、方案审定;科技管理相关政策和管理制度的审定、审批;科技项目管理重大事项的审定、审批;学科建设、技术协作与交流、专业岗位序列管理、专业技术职称管理相关事项的审定和审批;相关所属专门委员会工作的指导、协调、检查和考核。

科技经费预算管理委员会:由院长、分管专业工作副职、总会计师、科技、财务、人事、计划等部门主管组成，主任由院长兼任。负责项目奖金及经费测算办法的制定；项目课题奖金、经费的预算编制及使用监督管理；上级科技专项费用预算编制、费用使用审批及监督管理。

专业技术委员会：按照专业技术领域设置，由本专业主管副职、总师、技术专家、科技管理部门副职组成，主任由技术委员会任命。负责项目计划的制订及实施；科技项目和外协项目的开题论证、过程控制、检查指导和验收评估；项目经费的使用监督；研究室技术委员会工作的指导、协调、检查和考核。

研究室技术委员会：专业技术委员会下设，由研究室主任、副主任和一级工程师组成，主任由研究室主任兼任。负责研究室的技术管理工作；项目实施过程中的检查、指导与协调；项目成果审核及验证。

科学技术协会：主席由技术委员会副主任兼任，设专职副主席一名，科学技术协会办公室设在科技管理部门。负责组织和管理科学普及、专业学会学术活动、对外学术交流和协作、科技咨询等工作。

技术委员会办公室：设在科技管理部门，主任由科研管理部门主任兼任。负责组织协调技术委员会的日常管理工作，会议决议的贯彻落实。

（二）工作方式

技术委员会：根据需要不定期召开会议，会议决议和决策以纪要形式下达，专业技术委员会贯彻和实施；技术委员会办公室负责落实和执行情况的监督检查，及时向技术委员会汇报，并在月度工作简报中予以通报。

专业技术委员会：月度专业例会不定期召开，会议议定事项以纪要形式下达，研究室按照纪要要求贯彻和实施；科技管理部门负责落实和执行情况的监督检查。

科研生产经费预算管理委员会：根据需要不定期召开会议，会议决议和决策以纪要形式下达。科技及计划财务部门依据上级投资计划和项目计划编制预算方案；经费预算管理委员会审定经费预算方案，对计划执行情况进行检查监督，根据科研生产的需要进行经费调整。

科学技术协会：根据专业系统提出的学术交流活动需求制订计划，经技术委员会审定后,以纪要形式下达,科学技术协会按计划统一组织实施。

(三)工作程序

技术委员会根据上级下达的任务组织制定年度科技工作总体设计,作为年度科技工作的总纲领。

根据年度总体设计,各专业系统首席专家负责组织相关专业人员按照年度工作内容和学科建设规划要求,制订本领域学科建设年度初步工作方案,编制年度学术交流活动计划,提出年度科技项目立项建议;科技管理部门汇总形成分专业总体设计方案,经专业技术委员会组织论证通过后,编制年度工作计划,主要包括项目计划、外协计划、学术交流计划、学科建设计划、经费预算。

技术委员会审定年度工作计划和配套经费预算方案,科技管理、计划管理、财务管理等部门按照审定方案下达科技计划。

专业技术委员会、研究室技术委员会各负其责按照下达的计划安排组织落实科技项目、科技活动等安排,相关部门监督实施。

三、以专家为核心的技术管理机制

研发机构的科技创新任务以项目为主要载体,什么样的项目管理,就需要配套与之相适应的技术管理机制。项目管理通常采取研究院—专业系统—研究室—项目组自上而下的纵向行政计划管理模式,以研究室为单元按照独立项目进行分散管理,配套的是以总师为核心的技术行政化管理机制。随着科技竞争的日益加剧,科技创新的深度越来越大、广度越来越大、难度越来越大,越来越需要多学科协作跨界融合,单一个体、单一学科单打独斗已经难以适应。科研课题和生产任务是按照任务特性划分的任务集合,其特征是跨组织的横向技术组织管理,需要配套推进以专家为核心的技术管理机制。

(一)根据科技项目的特点差异确定专家的职责定位

油公司研究院的主要职责是为企业提供核心技术和生产设计方案,要针对不同项目的特点采取不同的项目管理模式。科研项目管理更像研究所的管理模式,产出是技术、方法、流程、新工艺、新产品,体现的是项目属性

（目标导向、创新属性、生命期属性）和对创新的管理；科研项目需要开题论证设计，以开题报告为主要抓手；管理重点在开题和验收两端，具有立项的不确定性和结果的不确定性，子项目间高度关联，过程控制以评估为主；科研项目按重大专项设置大课题和配套项目，专家与课题紧密结合，实施课题制管理。设计生产项目管理更像生产车间的管理模式，产出是按规范流程和成熟技术生产的批量产品（方案、部署、规划、实验分析等成果），主要体现任务属性（计划性、定量性、规范性、时效性）和对任务的管理；生产任务管理的重点在于中间过程的标准性、规范性、时效性、优质率，以任务书为主要管理抓手；具有任务下达的确定性和结果的确定性，分任务间关联性弱，过程以分任务的验收为主；设计和生产任务业务领域设置大项目和配套的子项目，参照课题制管理。

专家作用的有效发挥是大课题和大项目的管理关键，主要有4个专家职责定位。

（1）项目管理职责（带头攻关）。管理的对象是负责的科技项目，科技项目项目组成员由专业主管领导负责组织专业技术委员会、专家、研究室共同确定；专家具体负责项目运行管理工作，包括项目人员的任务分配、工作中的检查指导和督促、绩效考核和奖惩。

（2）学科建设职责（技术引领）。管理的对象是学科团队，由首席专家负责组织制定学科建设规划，对技术攻关、技术团队建设、人才培养进行系统谋划；专家具体负责学科建设管理工作，包括学科建设任务的分配、活动的组织、工作的考核。

（3）队伍建设职责（人才培养）。管理对象是所属技术领域的专业技术人员：首席专家负责所属领域技术序列人员的队伍建设方案制订；专家负责人员培养管理，包括制订所属领域技术人员的培养方案、确定年度任务指标、组织年度考核。

（4）技术管理职责（指导把关）。管理对象是分管的科技项目，专业技术委员会负责确定科技项目的责任专家，责任专家负责项目的指导把关和监控，包括项目的立项论证、开题设计、技术方案的审查把关；运行过程的技术指导和成果的审查及督促整改。

(二)理顺研究室行政管理与大研发技术管理的关系

研究院的组织体系是从研究院—专业系统—研究室—项目组的纵向管理机制,其中研究室是最重要的组织节点,承担行政管理职能。考虑到大研发(大课题、大项目)的跨专业、跨研究室的横向组织管理特性,必须理顺研究室的管理定位,避免纵向的行政管理造成条块分割阻碍研发活动的技术协作和组织。要建立一种大项目统筹技术管理、子任务由研究室实行计划管理的分工协作模式。

大研发是以大课题、大项目为抓手,由专家领衔,是多专业、多研究室的横向大协作。大课题和大项目立项时,充分考虑项目的系统性、完整性进行总体设计,实行统一技术管理;按照专业设置子课题和子项目,这些子项目下达到相应研究室的项目组,由研究室按照规定的任务目标推进组织运行,实行项目计划管理,任务完成后由研究室进行成果审查,通过后向大项目提交。可以将大项目与研究室的关系看作"甲乙方"的关系。

研究室的职能定位到行政管理,是以行政组织架构为依托,以行政计划为抓手,基本定位主要包括行政管理(行政事务管理、党建管理、群团工作)、项目计划管理(组织协调、监督考核)和学科建设(技术培训、团队建设)3个方面,重点是为大研发活动提供基础保障(人、财、物)、学科建设保障、基础工作管理保障。

四、科学技术协会主导的科技交流机制

科技人员是科技创新主体,必须创造有利于激发他们的创新热情,增强他们的创新信心,提高他们创新能力的学术氛围。学术交流是科研工作的重要组成部分,通过学术交流,可以增强广大科技人员的创新意识,提高知识素养,掌握创新方法,弘扬创新精神。通常情况下,研发机构通过行政管理进行科技交流活动的安排,计划性强,推进有力。但明显的不足就是管理部门主导必然会带来科技人员的自发性和自主性缺乏、需求差异考虑不充分等弊病。因此,借鉴国家科技交流协会的制度设计模式,设计研究院的科技交

流机制。

（一）科技交流协会的定位

本着为科技创新提供技术交流的平台、知识分享的平台、人才成长的平台、技术创新的平台、开放合作的平台的宗旨；坚持科技工作自主创新、开放合作的指导方针；倡导创新、求实、协作的精神；坚持"百花齐放、百家争鸣"的学术理念。成立科学技术协会（以下简称"科协"），为科技人员搭建自发、自主的科技交流合作创新的平台。主要承担组织学术交流活动，活跃学术思想，促进学科发展，推动自主创新；接受委托承担项目评估、成果鉴定，参与技术标准制定、专业技术资格评审和认证等任务；开展国内外科技交流活动，促进科技合作等任务。

（二）组织领导机制

科学技术协会主席由科技主管领导担任，副主席由科技管理部门主管副主任兼任。

科学技术协会根据需要按专业技术领域下设专业技术协会，主要职责为在科协的领导下，完成所属领域的技术协作、技术咨询、技术培训、技术评审、外部技术交流等任务，自主开展内外部技术交流活动。专业技术协会由各领域首席专家任秘书长，并根据需要设兼职秘书。

科学技术协会设立办公室，为科协的常设机构，主要负责科协的日常工作。副主席兼任主任，成员由专职干事和各专业协会秘书组成。实行科协领导、办公室管理、专业协会执行的运行管理机制。

（三）开展多种形式的学术交流活动

1.高水平的科技合作

与国内外高校和科研机构建立学术交流合作关系，开展合作研究，签订科技合作协议转化成果，共建联合研究中心。

2.高水平的学术交流

（1）组织专家讲座。邀请国内外知名专家讲授各自领域的前沿动态研究进展，通过与同行专家面对面的探讨，让科技人员及时掌握国内外学术动态，开阔视野，进一步深化对科研问题的理解，启发科研思路创新，推动技术创新的方向把握，对科研工作及学术水平的提高具有较强的推进作用。

（2）举办多层次学术会议。各专业协会针对关键技术方向和科研难题采取讨论会、报告会、汇报会等不同形式组织多层次、多学科研讨交流。这样的交流活动，即为科技人员提供直接了解学科前沿动态、启迪学术思想、促进学科交叉互补的平台，也可以促进科技人员的科研意识、学术水平和创新能力的提高。特别要注重创造有利条件承办国际性、全国性及地区性高水平大型学术交流活动，提升学术交流的层次，提高机构的学术地位。

（3）组织学术沙龙。由专业协会定期组织科技沙龙，每期一个主题，安排主旨报告，围绕主旨报告进行研讨，达到相互借鉴、交叉渗透的目的，活跃科技人员的学术思维，学习创新方法。

（4）鼓励科技人员亮相高水平学术平台。通过参加相关学术会议展示科研创新成果，了解前沿技术进展，提高学术影响力。还要及时反馈会议情况，让学科同行了解学术会议内容，做到一人学习，众人受益，充分发挥参加学术会议的价值。

（5）加强科技人员培训。选派优秀的专业技术人员赴国内外高水平院校和科研机构进行访问、专题考察、联合进行学术研究；支持科技人员跨学科的继续教育（攻读博士）；系统设计和组织科技人员的学习培训。

3. 深化学科人才互动

（1）互动式的知识共享。对刚刚从事科研工作的科技人员，开展各学科间的定期轮转学习，通过不同学科之间的技术交流、科研经验交流，实现快速的知识共享，更有利于找到学科交叉、科研协作的切入点。科技人员在研发过程中，可以通过网上学术论坛进行科研项目交流，有针对性地寻求协作与帮助，能够实现知识、经验的实时分享；也可通过互联网加强与国内外不同学科人才的网上学术研讨，获取不同的见解和建议，不断拓展科研实践的空间。

（2）借脑引智。各专业系统可以根据学科发展的需要，加强与国内外专家的学术交流，采用"走出去，请进来"的方式与相关领域的国内外知名专家建立沟通联系渠道，还可以研究院名义聘请为客座研究员，固化借脑引智的协作关系。

五、"四合一"高效团队为基础的科技组织机制

科技工作首先要解决两个核心问题：一是采取什么样的组织方式来完成科技项目的高水平实施；二是要培养什么样的人来满足科技创新的需要。目前，在一些高水平科研院所和高等院校，普遍采用打造高水平团队的做法，在完成科技项目的同时，通过项目实施人员协作逐渐形成高水平的科研团队。知名科研团队的特征非常显著，具有清晰的目标；成员之间相互信任，技能相关性和互补性强，沟通技巧出色；成员对团队表现出高度的忠诚和承诺；优秀的领导者和充分的内外部支持。团队具有的团结精神、自我管理的工作模式、灵活高效的决策方式，不仅创造了一种令人满意的工作氛围，还会取得明显高于单个个体的工作绩效。很多研究和实践表明，相比传统的以个体为中心的工作方式，团队工作方式可以减少浪费，避免官僚作风，提高工作积极性并提高产量。因此，实施团队管理是研发机构科技工作的有效方式。

（一）国内企业研发机构的管理特点

作为国有企业的研发机构，管理上与国外研发机构有很大的不同，主要表现出以下特点：

（1）垂直管理层级多，一般情况下，管理层级包括集团总部、地区分公司和内部研发机构3个层级。内部研发机构作为最低层级的管理，还要根据业务需要实行专业化研究室管理，应该说研究室才是具体管理工作的着力点，研究室管理模式才决定最终的工作成效。

（2）研发机构管理事务繁杂，作为基层单位，既有人事管理、合同管理、计划管理、资产管理、物资管理等行政事务，还有基层党建、群团工作等事务，所以必须要处理好科技业务工作与行政管理、党建和群团工作的有机结合。

（3）科技人员流动性小，离职率低，十分有利于人员相对稳定、方向长期专注、优势长期保持的高水平团队形成。

（二）组建"四合一"高效团队

在研究室设立项目组作为最基本的管理单元。

1. 项目组的组建原则

成员技能有较强的相关性和互补性；项目组目标和方向高度聚焦，表现整体的技术优势，并与机构总体战略高度契合；成员对团队表现出高度的忠诚和承诺。

2. 项目组的主要职能

具备4个基本功能，体现行政事务管理、业务发展管理、人才建设管理、党建和群团工作管理"四合一"的特点。项目组是项目组织单元，由项目长领导，代表研究室承担相关的科技项目，组织完成项目计划任务。项目组是行政管理单元，项目长也是行政组组长，接受研究室的领导组织，完成相关的行政管理工作。项目组是党建和群团管理单元，项目长也是党小组长，接受研究室党支部的领导组织，完成相关的党建和群团工作。项目组是学科建设单元，项目长也是技术团队建设领头人，接受专业技术委员会的领导组织，完成技术团队的学科建设工作。

（三）团队管理

1. 项目组长聘任

项目组长采取公开竞争的方式选聘，二级工程师以上技术人员、研究室副职具备聘任条件；由专业技术委员会制订评聘方案，并组织评聘，3年任期。

2. 项目组职责

在专业系统领导下承担科研生产任务；在研究室领导下承担行政管理工作；在研究室党支部领导下承担党建和群团工作；在技术委员会领导下承担学科建设任务。

3. 项目组权利

项目长的团队管理权力包括成员工作监督、奖金考核发放、内部人员工作调配等。项目组的权利包括获取相关外部支持的权力，包括人员支持、技术支持、项目协作支持等；学科建设自主权，按照机构总体学科建设规划，在专家的指导下开展学科建设相关工作，包括学术交流、技术培训、导师指导等。

第三部分
科技管理创新实例

第十五篇　大庆油田勘探开发研究院发展战略演进历程

大庆油田勘探开发研究院（以下简称"研究院"）创建于 1964 年，是中国石油系统内规模较大、学科齐全、技术配套、装备先进、技术力量比较雄厚的综合性研究机构（图 15-1），主要承担着大庆油田石油天然气勘探、油气田开发、三次采油、分析测试、科技信息等方面的科研生产任务。建院 50 多年来，围绕油气勘探和油气田开发两大主线，配套形成了油气勘探、油气地球物理、油气田开发、信息工程 4 个学科技术体系，创新形成了以大型陆相坳陷湖盆岩性油藏勘探理论与技术、陆相多层砂岩油田开发调整及精细挖潜技术、三次采油大幅度提高采收率理论与技术、深层火山岩高效勘探开发技术为代表的勘探开发主体技术。截至 2019 年底，先后开展了 3000 多项研究课题，取得科研成果 2249 项，获国家级科技成果奖 29 项（国家特等奖 3 项），省部级奖励 224 项；拥有有效专利技术 92 件，在国内外核心期刊、学术会议发表、发布论文 5000 余篇。先后获得"全国地质勘查功勋单位""全国科学技术工作先进集体""全国企业文化先进单位""黑龙江省文明单位标兵""科技兴省先进单位"等荣誉称

图 15-1　大庆油田勘探开发研究院院区实景

号。具有国家工程咨询资质甲级证书，1998 年通过 ISO 9001 标准质量体系认证，7 个分析化验实验室均具有国家计量认证合格证书，是国家油储地球物理联合研究中心、中国石油天然气股份有限公司三次采油工程技术研究中心，建成 1 个国家级研发中心和 3 个省部级重点实验室。

一、战略实施背景

大庆油田勘探开发研究院是大庆油田的下属科研单位。作为企业研究机构，最重要的使命就是为油田提供勘探开发急需的核心技术和生产设计方案，所以其发展战略的演变一定与油田的发展息息相关。大庆油田于 1960 年投入开发，1970 年年产原油达到 5000 万吨以上并保持 5000 万吨以上的稳产水平直到 1995 年，按照产量变化趋势预测，20 世纪 90 年代末将达到产量峰值，之后将进入产量持续递减阶段。作为国家能源行业的龙头企业，大庆油田要担负起国家能源安全的职责，提出了"二次创业"的发展战略，力争保持油田更长期的高产稳产。作为大庆油田勘探开发核心技术研发机构和战略决策参谋部的研究院，必然要担起科技创新的重任，用一流的创新获得勘探开发核心技术的突破，力争发现更多的优质储量，减缓产量递减速度，使产量经过一定的调整后再进入一个稳产期，确保大庆油田可持续发展。基于此，研究院于 1997 年提出了"建设全国石油行业一流研究院"的发展战略，2002 年又根据石油行业发展变化的实际进行了调整完善，提出的"2·4·1"战略进一步突出研究院的作用和定位，明晰了发展方向。战略实施 10 年后，油田原油产量递减趋势明显减缓，进入第二个稳产期。

2007 年，石油行业的战略方向发生了很大的变化，常规石油资源勘探开发潜力明显不足，整体进入致密油气资源勘探开发阶段。为适应这个行业趋势的变化，大庆油田提出了创建百年油田的战略，作为油田技术研发中心的研究院适时提出了"打造百年强院，支撑百年油田"的发展战略，通过打造百年强院，巩固优势技术，发展百年油田建设需要的新技术，确保大庆油田的持续有效发展，促进中国石油核心竞争力的提升。2011 年，根据油田稳产形式的需要对"百年强院"的发展战略进行了完善，进一步明晰了"建设国际水准研究院"这个方向和确保4000万吨原油稳产的目标。战略实施10年后，油田原油产量递减趋势明显减缓，在年产4000万吨以上稳产了8年，同时保持了年产油气当量4000万吨第二个稳产期。

近年来，油田发展又到了原油年产量3000万吨的关键节点，进入页岩油气勘探开发阶段，适应新形势再次需要研究院系统谋划发展战略。2018年，提出了"1·4·6"发展战略，全面开启具有国际竞争力的一流强院建设的新征程（图15-2）。

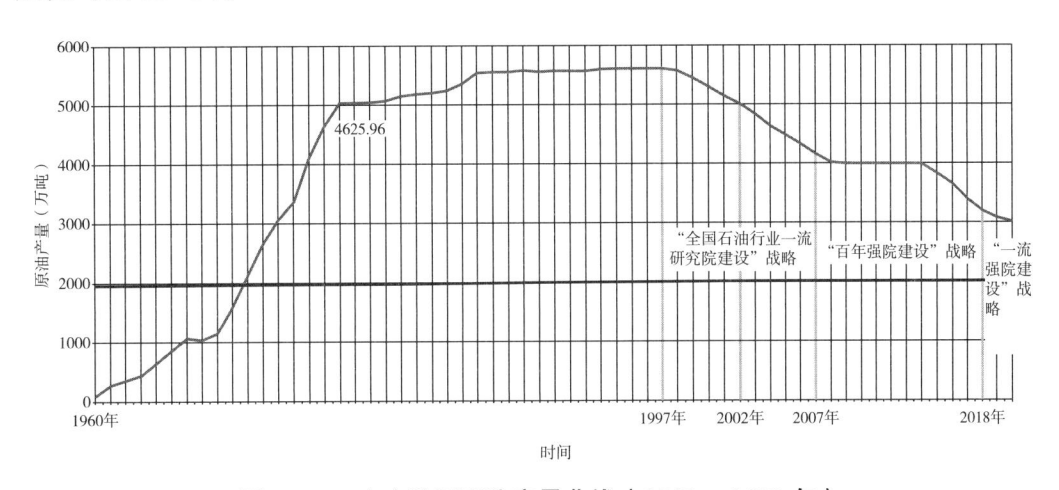

图 15-2 大庆油田原油产量曲线（1960—2020年）

二、"全国石油行业一流研究院建设"发展战略阶段（1997—2006年）

（一）战略背景

1995年进入国家第九个五年规划期（简称"九五"）以后，大庆油田在年产原油5000万吨以上已经持续保持了20多年，达到原油年产5600万吨高峰，继续保持高产稳产的难度非常大。为了进一步保持高产稳产，大庆油田开始了"二次创业"的新征程，提出了"发扬大庆精神，搞好'二次创业'，实现三个目标，再创大庆辉煌"的宏伟目标，努力实现油田年产5000万吨跨世纪稳产到2010年。

（二）核心使命

要实现油田"二次创业"目标，在油田勘探开发难度越来越大的情况下，依靠科技创新破解制约油田发展的重大瓶颈难题是必然选择，所以作为油田技术创新主力军的研究院担起攻坚克难、当好参谋、做好技术服务的历史使命责无旁贷。

（三）基础和挑战

研究院经过30多年的发展建设，科研生产工作和精神文明建设都取得了巨大的成就，已经成为中国石油系统内技术力量雄厚、科研生产体系完善、服务体系健全、设备和设施先进的综合性研究机构。"八五"期间，通过开展稳油控水、三次采油和低渗透薄互层油气藏勘探等十余项配套技术攻关，取得了392项科研成果，有效地指导了油气勘探和油田开发工作，保证了油田稳产目标的实现。

进入"九五"，大庆油田的勘探对象更复杂，勘探难度更大，现有勘探技术还不能完全适应勘探工作的要求；高含水期剩余油挖潜、化学驱提高采收率、外围复杂油藏有效开发的配套技术仍满足不了油田生产实际的要求；实验分析技术研究深度不够、测试设备开发深度不够、分析效率低、仪器维修能力弱。专业应用软件开发及信息传输网络技术不适应科研生产及管理工作的需要；仪器设备趋于老化，近1/3处于超效用年限。跨世纪专业技术带头人接替队伍尚未形成，高层次人才比例相对较小；管理工作的现代化、科学化程度不高，管理与考核力度不够，奖罚机制未全面建立；思想政治工作的运行机制还不够完备，基层单位仍然存在"一手硬、一手软"的问题。

（四）发展战略

1. 规划原则

研究院"九五"规划的原则：服务于油田和走向国内外勘探开发技术市场；确保油田"九五"科技发展规划目标实现；满足大庆油田跨世纪稳产和研究院未来发展需要；满足深化改革、加强管理、提高工作效率和服务质量及建立系统、配套、规范、协调的内部管理体系需要；两个文明建设同步发展。

2. 规划目标

研究院"九五"规划的目标：发扬大庆精神，抓好两个文明建设，深化改革，加强管理，以"加强科技攻关，确保大庆油田稳产，做好五篇文章（服务篇、技术篇、人才篇、管理篇、保证篇），创建一流研究院"为奋斗目标，培养一支高素质的科技人才队伍，进一步提高科研生产能力，积极开展油气勘探开发科技攻关和科学试验，努力建成具有"一流的人才、一流的技术、一流的管理、一流的设备、一流的成果、一流的服务"的全国石油行业一流研究院，为实现大庆油田"二次创业"和跨世纪稳产再做新贡献。

3. 实施安排

（1）做好"服务篇"。为大庆油田决策提供科学依据，当好参谋，为油田合理勘探开发提供优化方案和设计，为改善开发效果和提高采收率提供先进技术，为油田科学管理提供切实可行的先进方法。服务工作做到"超前技术储备，规划设计及时，增储稳产达标，满足生产需要"的要求，体现"科学、规范、系统、及时、准确"的特点。"九五"期间，努力提高各项规划、部署、方案设计的水平，保证油田下达的新增油气地质储量、可采储量、油气产量、储采比、综合含水率、三次采油提高采收率、开发钻井成功率等各项指标顺利完成。

（2）做好"技术篇"。通过实施"92213"工程（实现9个目标，解决22个技术关键，达到13个新水平），在陆相向斜区岩性油气藏勘探、深层致密天然气藏勘探、海相及复杂盆地的勘探、煤成烃勘探、未熟—低熟勘探新理论和配套技术上有所创新；攻克高含水期提高采收率配套技术，推广成熟的三次采油技术，完善特低渗透油田开发技术；发展和完善科研技术装备，形成具有雄厚技术力量的专业队伍，使勘探开发技术在国内外同行业中达到领先地位，不仅能满足油田稳产需要，同时又能参与国内外勘探开发市场的竞争。组织开展5个方面、29个技术系列、119项重点技术项目攻关，实现9个目标，解决22个技术关键，达到13个新水平。

（3）做好"人才篇"。实施"2131"工程（培养引进20名博士、100名硕士、30名综合型人才、100名专业技术带头人），加快油气勘探开发专业人才的培养和管理干部队伍的建设。通过建立完善人才激励机制、联合培养研究生运行机制、人才奖励机制、人才评价机制，努力实现人才资源从以数量增长为主向以质量提高为主的转变，建立形成一支结构合理、专业配套，能面向国内石油技术市场、适应国际竞争、坚持社会主义道路的高素质的人才队伍。培养、引进高层次的科技人才，加快人才资源的培养步伐，提高人才队伍的整体素质，改善人才队伍结构，建设一支高素质的科技人才队伍。加速进入国际市场与开展国际油气技术合作人才队伍的建设，争取在"九五"期间建立起一支石油技术对外合作专业队伍。加强管理干部队伍建设，按质按量配齐各级领导班子，提高管理工作水平。

（4）做好"管理篇"。建立满足科研生产需要的院、所、室、大课题组（班组）四级管理体系和精练强干的管理队伍，健全完善适应现代化管理要求的管理制度，分层次建立责任机制，实施分系统分类目标管理，使管理工作做到决策准确、政令畅通、目标责任明确、工作程序清晰、信息反馈及时、奖罚分明，力争达到管理工作标准化、管理制度系统化、管理基础工作体系化、成本费用管理责任化。重组内部组织结构，理顺管理关系，通过强化重点管理工作，使管理水平有目标、有步骤地逐步得到提高。强化系统管理职能，按功能配套原则及幅度原则，调整科研生产组织结构，实行专业化管理，建立院、所、室、大课题组四级管理体系；强化科研生产管理，建立以院技术委员会为核心，主管院长、正（副）总师分工负责，按专业技术系列和科研生产需要划分为大课题组，实行大课题组管理的科研生产管理体系；强化财务管理，根据强化成本费用控制、提高资金使用效率的要求，院财务实行集中管理。年度经费计划由院统一下达，实行目标成本管理；强化目标责任考核，"九五"期间，全面实行分系统分类目标管理，建立目标责任考核体系；强化管理基础工作，建立以技术标准、工作标准、服务标准为核心的院质量管理体系，实施院领导、质量管理部门、所及研究室四级质量责任制，将质量管理工作落到实处；强化对外技术服务，在确保油田内部科研生产任务全面完成的基础上，为了充分发挥研究院技术优势和人才优势，建立系统、规范的对外技术服务体系，制定对外技术服务规划，加大研究院走向国内外技术市场的力度。

（5）做好"保证篇"。在全院职工中牢固树立建设中国特色社会主义的共同理想,牢固树立"加强科技攻关,确保大庆稳产"的坚定信念,逐步提高职工的物质文化生活水平,逐步形成理想信念坚定、行为文明规范、学术氛围浓厚、环境优雅美丽、工作秩序井然、生活安定方便的局面,努力创建文明、美丽、现代的一流研究院和省级文明标兵单位。重点实施8项保证工程。

①实施信念工程,引导职工牢固树立起建设中国特色社会主义共同理想,树立起正确的世界观、人生观和价值观,树立起"加强科技攻关,确保大庆稳产,做好五篇文章,创建一流研究院"的坚定信心。

②实施表率工程,切实加强各级领导班子、领导干部队伍和党员队伍建设,充分发挥领导班子的战斗堡垒作用、领导干部的带头人作用和党员的先锋模范作用。

③实施凝聚工程,增强研究院的吸引力和全院职工的向心力,创造优秀人才脱颖而出的条件和"拴心留人"的软环境,把研究院建设成催生人才、聚集人才、造就人才、稳定人才的人才"高地"。

④实施形象工程,通过开展"内强素质,外树形象"为主题的企业文化建设活动,塑造具有时代特色的一流研究院的整体形象,全面提高研究院在国内外的知名度、美誉度和竞争力。

⑤实施环境工程,不断改善职工的工作、生活环境和条件,逐步建成环境优雅、秩序井然、工作方便、生活舒适,具有知识群体鲜明特色的园林式研究院。

⑥实施健身工程,以体育活动和医疗保健为内容开展健身活动,增强职工身体素质,使职工身心健康、精力充沛,具有能够担当起建设一流研究院繁重工作任务的精力和体能。

⑦实施文化工程,营造严谨治学、开放交流的浓厚学术氛围,形成文化生活丰富多彩、活跃有序的局面。

⑧实施文明工程,通过系列活动,实现群众性的文明创建活动经常化、系列化、规范化、制度化,并努力形成人人参与的良好局面,提高全院职工的整体文明素质和单位的文明程度。

（五）战略调整

2002年，根据油田发展的实际需要，研究院对发展战略进行了细化完善。提出了"2·4·1"发展战略，主要是进一步明晰了"全力推进国际技术水平和管理水平研究院的建设"的发展定位；明确了"担当起油田地下参谋部、技术攻关队、改革示范区、科技人才库"四项任务；确定了"建成对全油田科技人才最具吸引力的地方"的发展方向；强调了"为油田公司的可持续发展提供技术支撑和保证"是研究院发展的根本定位。还制定了具体的工作目标，实现油田勘探开发地质理论研究要达到国际水平、应用技术要有新的建树和突破、培养一支具有国际水平和国际知名度的专家队伍、形成具有国际水平的科研装备手段"四个目标"；达到组织高效、机制灵活、素质提升、创新能力强"四个标准"；完成当好地下参谋部、做好技术攻关队、搞好改革示范区、建好科技人才库"四项任务"；建设最好的科研环境、管理环境、创新环境、人文环境、生活环境，使研究院成为对全油田科技人才最具吸引力的地方。

三、"百年强院建设"发展战略阶段（2007—2017年）

（一）战略背景

2005年，大庆油田提出了"创建百年油田"的发展战略，这是大庆石油人在新时期胸怀全局、为国分忧的实际行动，是大庆油田实现持续发展、履行"三大责任"的战略举措，是全油田当前及今后一个时期的工作大局。"十一五"及中长期可持续发展规划全面启动，按照规划构想，到2020年，原油生产将实现长垣水驱、三次采油、外围油田三足鼎立；到2060年，业务构成将实现原油生产、天然气开发、新能源利用三足鼎立新格局。

（二）核心使命

作为大庆油田的科技攻关队和地下参谋部，研究院必须为百年油田战略的顺利实施提供勘探开发核心技术支撑和保证；必须以厚重的历史和当前良好的局面为基础，将研究院推向更好、更快发展的新高度，续写新的篇章。面对新的形势和挑战，"打造百年强院，支撑百年油田"是研究院未来发展的必然选择，这是历史赋予研究院人的责任和使命。

（三）基础和挑战

经过40多年的发展，研究院在技术、人才、管理、文化等方面有了深厚的积累，为新发展阶段奠定了良好的基础。研究院人经过几十年的努力攻关，拥有了技术领军的重要地位，有了高含水期油藏精细描述、聚合物驱、三元复合驱、薄互层岩性油藏勘探、深层火山岩勘探等国际领先技术；有了继承老一代研究院专家优秀品质、求实作风、深厚学识的可堪大任的一大批青年专家才俊脱颖而出；有了传承至今的研究院人为国分忧、为民族争气的优秀品格，敢为人先、争创一流的进取精神；有了科技管理创新实践做支撑的科技管理体系保障。

同时，研究院新阶段的发展还面临许多现实的挑战。技术上，从单一的石油技术研发，向天然气、新能源技术研发拓展，有以前从未开展的新业务；从中浅层向深层、从坳陷盆地向断陷盆地、从陆相沉积向海相沉积拓展，有以前从未研究的新对象；从松辽盆地向外围乃至雪域高原拓展，有以前从未涉足的新领域；从国内向海外拓展，有以前从未遇到的新问题。这其中，有尚未突破的重大技术瓶颈，更有亟待攻克的世界级难题，与国外同行比，在很多领域尤其是高端技术领域，研究院还很难与跨国公司展开实质性竞争。人才安全形势不容乐观，人才政策原有的相对优势正在弱化，新的比较优势尚未完全建立，研究院还没有真正成为最具吸引力的人才高地。还没有突破传统的管理模式，现代科研院所管理机制还没有建立。

（四）发展战略

1. 规划原则

（1）油田战略需求导向：百年油田需要百年强院，百年强院支撑百年油田，瞄准百年油田的战略需求。

（2）技术创新能力推动：把技术创新能力的建设作为战略规划的核心，用革命性的创新打造支撑百年油田的核心技术。

（3）系统全面设计：从战略谋划、管理机制、技术实力、人才素质、硬件条件、文化建设等多个方面系统设计。

（4）长远目标指引：用历史的眼光、全球的视野、发展的思维，充分借鉴国际知名科研院所关键成功因素，结合发展实际，定位研究院的"百年强院"。百年强院，功在百年，难在百年，既是攻坚战，更是持久战。

2. 战略框架

肩负起"打造百年强院，支撑百年油田"的历史使命，尊重科技创新规律，突出科学发展、构建和谐主题；坚持"创新立院、人本强院、开放兴院、和谐治院"的办院方针，坚定不移地走具有研究院特色的自主创新道路，坚定不移地推进五大工程；努力实现五"大"强院目标，着力培育学术、技术和专家三大品牌，把"2·4·1"发展战略推向历史新阶段；把研究院建成具有较强国际竞争力的百年油田技术研发中心，为实现大庆油田"十一五"及中长期可持续发展规划目标提供有效支撑和强力保证。

完成百年强院要分三步走。第一步，到2010年为重点突破、国际接轨阶段，建成国内领先、具有区域竞争力的百年油田技术研发中心；第二步，到2020年为全面推进、跨越发展阶段，建成具有一定国际竞争力的百年油田技术研发中心；第三步，到2060年为多维超越、国际先进阶段，建成具有较强国际竞争力的百年油田技术研发中心。

要把百年强院建成"大略"之院，就是要拥有支撑百年油田的智囊谋略、自主创新的技术方略、加快发展的强院战略，通过战略推进，不断巩固油田地下参谋部和技术攻关队作用，让研究院成为神圣的科技殿堂。要把百年强院建成"大师"之院，就是要拥有学术造诣精深、精神品格高尚、学识声望远播的高素质人才，显著提升员工队伍整体素质和创新能力，充分发挥油田科技人才库作用，让研究院成为广博的人才高地。要把百年强院建成"大治"之院。就是要建设开放、竞争、流动、协作的现代院所制度，使科研管理体制机制更加完善，切实发挥好油田改革示范区作用，让研究院成为开放的创新乐土。要把百年强院建成"大楼"之院，打造装备齐全、功能先进的科研基础条件平台，使科研基础条件更加优化，让研究院成为技术成果的催化摇篮。要把百年强院建成"大爱"之院，打造充满活力、育人成人、催生成果的绿色文化生态，使研究院人创业静心、工作安心、生活舒心，让研究院成为美丽的精神家园。

3. 实施安排

以技术跨越为核心，以人才开发为根本，以管理创新为关键，以基础平台为依托，以文化生态为保障，推进实施五大工程。

（1）实施技术跨越工程。立足勘探大发现，开发高水平，遵循自主创新、重点突破、抢占高点、支撑发展的原则，坚持理论与应用相结合、急需与长远相结合、自主与开放相结合，全力推进研究院的特色技术和专有技术的跨越式发展。强化核心技术领域的原始创新，加大成熟技术领域的集成创新，提升薄弱技术领域的引进消化吸收再创新能力；培育研究院学术、技术品牌优势，加快发展火山岩储层及断陷盆地勘探开发、长垣老区精细挖潜、三次采油、外围油田有效开发、地震资料处理解释、地球物理测井解释、油气成藏分析测试和勘探开发信息化8项优势技术；加快实现外围盆地勘探开发、天然气勘探开发、聚合物驱后提高采收率和海外勘探开发的重大突破，积极做好新能源勘探开发技术储备。到"十一五"末，努力把研究院建设成为以陆相砂岩高含水油田水驱、三次采油、低渗透油田有效开发、岩性油藏及深层火山岩勘探等领先技术为核心的国际水平研发基地。到2020年，拥有一大批具有国内领先和国际先进的勘探开发配套技术和专有技术，持续有效支撑百年油田，掌握选择国际市场的主动权。

（2）实施人才开发工程。要满足技术跨越需求，以队伍结构调整为主线，以领军人物、知名专家培养为重点，以增值人才为目标，加速人才资源向人才资本转变。通过立体化育才，提升科技人员创新素质和能力，变潜在资源为现实资本；通过多元化引才，吸纳国内外高级专家和智力资源，变外部资源为院内资本；通过系统化励才和科学化量才，促进人才合理使用与开发，变现有资源为优质资本，实现研究院人才由"量优"向"质优"的转变。在完善学科人才培养机制、职业导师制、联合培养基地、特殊津贴制、成果重奖制的基础上，进一步加大育才、引才、用才、留才力度，通过实施功勋专家制，推行成果转化奖励制，实行家庭休假、员工健康管理等一系列政策措施，配套实施人才能力关怀。到"十一五"末，部分重点技术领域人才达到国际水平，科技人员整体素质和创新能力显著提升。到2020年，造就数十名国际知名专家、百余名石油行业专家，建成结构合理、素质优良、忠诚油田、在国际石油科技界具有重要影响的创新人才队伍。

（3）实施管理创新工程。制定实施加强自主创新工作实施纲要，推进管理创新，提升研究院管理效能和自主创新能力。全面实施战略管理，进一步完善和推进中长期发展战略规划，用战略管理引领研究院快速、协调和持续发展；切实加强学科建设，坚持技术发展和学科建设双驱动原则，优化学科技术体系，明确学科和人才协调发展措施，形成以技术任务带动学科建设、以学科建设促进技术发展的良性循环；实施开放科研机制，通过多元开放合作，加强油田急需且研究院能力不足的关键技术联合攻关，抬高创新起点；深化完善科研管理，优化以课题制管理为核心的科研设计生产项目管理，加强量化和标准化管理，切实体现贡献优先、多劳多得、优劳优得；积极推行知识管理，加快隐性知识显性化、成熟技术标准化、技术成果软件化、成果数据电子化、科技成果专利化、知识成果商业化，实现知识信息的高度共享和增值；完善科研组织管理，强化技术委员会职能，建立相关工作规范，整合科技信息系统；扩大学术技术交流，健全学术技术交流制度，集中举办国际、国内及院内学术技术研讨会和技术成果展示会，打造研究院技术品牌。到"十一五"末，科研体制更加科学，管理机制更加灵活，研发体系更加开放，创新活力显著增强。到2020年，建立起科学、开放、高效、具有国际先进水平的管理体制和运行机制。

（4）实施基础平台工程。要按照加快引进、注重开发、规范管理、整合共享的思路，大力推进科研基础平台建设。加快科研装备更新，重点引进一批关键、急需的大型仪器和装备；加强重点实验室建设，组织论证和申报国家三次采油、油藏工程重点实验室，通过开放广泛吸纳国内外专家；优化科研装备配置，对大型实验仪器进行整合，对大型应用软件统一规划、统一采购、统一研发、统一管理；加强信息化建设，统筹规划，强力推进，重点抓好技术支持、信息安全和机制建设，不断提升信息化建设水平。到"十一五"末，科研装备和信息化建设达到国内领先水平，重点实验室建设初具规模，应用基础研究能力明显增强。到 2020 年，拥有装备齐全、功能完备、具有国际一流水平的科研基础条件平台。

（5）实施文化生态工程。坚持继承中创新，创新中发展，努力构筑充满活力的文化生态。深化理念文化，弘扬大庆精神、铁人精神和研究院优良传统，深入宣贯"宽松、宽厚、严谨、严肃"的院风院训，强化"科技立业、本领立身、成果定位"的成才理念，营造崇尚创新、宽容失败、开放合作、诚信友爱的文化氛围，进一步凝聚研究院人的共同价值取向；固化行为文化，加强形象管理、品牌管理、礼仪管理、声誉管理和 HSE 管理，倡导健康文化、感恩文化、家园文化，实现核心理念与行为文化有机融合，不断提高研究院人的人文素养；提升环境文化，科学规划院区建设，进一步搞好院区绿化、亮化和美化，打造人性化办公环境和园林式院区环境，为员工提供优越的工作生活条件。到"十一五"末，初步形成丰富厚重的理念文化，体现理念的行为文化，完善发展的环境文化。到 2020 年，建立起以人为本、创新为魂、开放合作、文明和谐的文化生态。

（五）战略调整

2011 年是两个五年规划交替的重要节点，大庆油田也处在油田发展的战略关键期，提出了"高效益、可持续、有保障"的 4000 万吨原油持续稳产的发展目标。要实现这个目标，必须依靠科技创新破解油田面临的接替资源规模和品位严重不足、常规资源的发展空间严重受限、世界级勘探开发技术难题的破解严重滞后等诸多矛盾和问题。研究院根据形势的变化，对百年强院建设的战略进行了调整完善：（1）进一步明确了发展方向，提出了"具有国际水准勘探开发研究中心建设"的明确定位；（2）明确了中浅层规模效益增储、深层天然气勘探评价、二类油层化学驱、三类油层精细挖潜、聚合物驱后进一步提高采收率、外围"三低"油藏有效开发、天然气加快上产等重点领域的关键技术作为攻关的重点方向；（3）提出了"十二五"期间增资源保稳产、突破核心主导技术、打造综合性国际化人才队伍、建立更加精细高效的管理机制、推进和谐稳定院区建设的工作任务。

四、"具有国际竞争力的一流强院建设"发展战略阶段（2018年至今）

（一）战略背景

世界能源格局正在发生深刻变化，对能源企业的发展产生了深远的影响。谋划新发展，必须把握能源演进新趋势，主动适应新特征。要认清能源安全形势，今后相当长一个时期，中国对能源的需求仍将巨大，石油对外依存度持续处于60%以上的高位，石油安全形势依然严峻。

2017年召开的中国共产党第十九次代表大会明确指出，中国特色社会主义进入了新时代。2017年，大庆油田发布《大庆油田振兴发展纲要》（以下简称《纲要》），提出"当好标杆旗帜，建设百年油田"总体目标，做出油田振兴发展重要部署，标志着大庆油田进入新的历史发展时期。2018年，大庆油田对《纲要》进行了细化完善，进一步明确了从2020年到21世纪中叶"两个十五年"的规划目标。

（二）核心使命

研究院作为油田振兴发展的科技主体，承载着支撑大庆油田振兴发展的新使命，进入了一个崭新的发展阶段。研究院的核心使命就是要增强责任担当，支撑油田增储量、保产量，以提质增效为目标，加强效益勘探和精准开发，为油田构筑抵御风险、应对威胁的科技防线，为保障国家石油战略安全做出贡献。

要认清绿色能源成为发展趋势的新常态，在攻关领域、技术对策上做出调整；要把创新作为引领研究院发展的第一动力，构建科学高效的自主创新体系，催生高水平的创新成果；要深刻领会人才强国战略思想，把人才作为保证发展的第一资源，形成有利于人才发展的制度环境，打造人才新优势，释放人才创造力；要深刻领会深化改革理念，把改革作为推动发展的关键，破除体制机制上的束缚和阻碍，探索建立现代科研院所制度，进一步增强发展的动力和活力。

（三）基础和挑战

50多年来，研究院创造了辉煌历史，形成了先进的勘探开发技术、完备的科研体系、优秀的人才队伍和厚重的科研文化，为新阶段发展打下了坚实基础。还有一些不可回避的矛盾和问题，主要表现在科技龙头作用发挥不充分，传统优势技术有所弱化，应用基础研究相对薄弱；人才队伍断层比较严重，人才接替矛盾突出；课题制管理、专业技术岗位序列还需进一步完善。

（四）发展战略

1. 规划原则

（1）贯彻治国理政新思想。把创新作为引领发展的第一动力，把人才作为保证发展的第一资源，把改革作为推动发展的重要抓手。

（2）把握能源演进新特征。以提质增效为目标，加强效益勘探和精准开发。适应能源发展的新常态，突破一批绿色清洁能源勘探开发技术。

（3）抓住振兴发展新机遇。要抓住油田开拓非常规油气资源、海外新领域的机会，拓展发展新空间。

（4）明确解决问题新思路。正视问题、精准梳理问题，用创新思维加强顶层设计。

2. 战略目标

1）确立一个新目标

在新的发展阶段，把研究院建设成为具有国际竞争力的一流强院。

要拓宽国际视野，运用国际思维，努力应对经济全球化带来的各种挑战。要与一流对标，向先进看齐，打造高水平的核心技术，培育高素质的人才队伍，建立高效能的现代院所制度。要提升核心竞争力，支撑油田，走向全国，进军海外，依靠核心技术打硬仗、打胜仗，依靠科技实力求生存、谋发展。要固本强基，从技术、人才、管理、开放、文化等方面打造强院，强力支撑油田振兴发展。

2）发挥好4个职能作用

（1）发挥好勘探开发参谋部作用。要有深厚的研究、发展的思维、全球的视野，当好油田发展战略决策参谋、勘探开发方针政策参谋、技术攻关统筹部署参谋、规划方案优化设计参谋、重大矿场试验主导评判参谋，为油田科学决策贡献研究院智慧，提供研究院方案。要在实践中提升参谋能力和水平，用科学、求实、系统、超前的战略谋划，赢得尊重，赢得地位，赢得话语权。

（2）发挥好核心技术研发的作用。要聚焦油田主营业务需求，集中资源、集中力量、集中优势，加快自主创新，全力攻克油田急需的瓶颈技术、引领发展的突破性和革命性技术、应用基础理论和战略储备技术。要为油田提供原创的、自主的、特色的、有竞争力的核心技术，有效支撑油田勘探开发和非常规能源发展，为油田振兴发展注入活力，争得先机，赢得主动。

（3）发挥好市场开拓主力军作用。瞄准国内外技术市场，主动参与市场竞争，利用技术优势提供综合解决方案，攻关薄弱技术超前做好技术准备，加快"走出去"技术的有形化、产业化。对于全新领域，与有实力的研发机构合作，借船出海，抢占市场。要以技术树品牌、以技术换资源、以技术拓空间，支撑大庆油田"走出去"，打赢勘探开发技术市场争夺战。

（4）发挥好人才培养大本营作用。要坚持"人才兴、科研兴，科研兴、研究院兴"的理念，健全人才培养机制，完善人才评价体系，畅通人才发展通道，打造知名专家和技术领军人物，培育高效创新团队和中青年拔尖人才，培养懂技术会管理的复合型人才，造就技术精、能力强、作风硬的优秀人才队伍，让研究院成为油田人才成长的大学校、大熔炉和大摇篮。

3）实现新阶段发展目标"两步走"

第一步：2018—2020年为固本强基、重点突破阶段。通过深化改革，练好内功，筑牢新阶段的发展根基。到2020年，研究院拥有核心技术的领域明显增多，应用基础研究初见成效，学科建设、重点实验室建设和信息化建设取得新进展，以课题制为核心的科研管理机制灵活高效，专业技术人才队伍和干部队伍接替问题有效解决，国内外技术市场进一步巩固，一流强院建设取得阶段性进展。

第二步：2021—2035年为整体提升、跨越发展阶段。通过持续创新、跨越发展，全面增强研究院的整体实力。到2035年，研究院自主创新能力显著增强，一大批核心优势技术国际领先，薄弱技术弯道超车，具有重要影响力的领军人才队伍和创新团队形成规模，"开放、流动、竞争、协作"的现代院所制度基本建立，拥有更多的国内外技术市场份额，全面实现一流强院建设目标。

3. 实施安排

为了保证发展战略的实现，要大力实施六大强院工程，努力打造"六个一流"。

（1）大力实施创新强院工程，打造一流的核心技术。科技创新要满足油田急需。要把握油田振兴发展在时间上、空间上的技术需求，明确不同阶段需要创新的主体技术、技术关键、实现路径，集中力量，重点突破。围绕老区勘探开发重点领域，发展完善、集成配套效益勘探、精准开发技术系列，提升增可动资源、保效益稳产的技术能力。围绕新区新领域，加速致密砂砾岩、低—特低渗透油气藏勘探开发技术攻关，尽快形成储量产量接替。围绕海外现实领域，研究探索一体化攻关模式，集成特色优势技术，有效支撑海外业务拓展。围绕打造数字油田，发展完善勘探开发数据管理、应用软件开发技术系列，助力技术创新、管理创新。科技创新要瞄准国际前沿。要对标国际，瞄准高端，在抢占技术制高点上下功夫。不断完善陆相多层砂岩油田精细勘探开发、深层火山岩气藏勘探开发和化学驱油等优势技术，快速突破碳酸盐岩有效储层识别与预测、化学驱后和三类油层大幅度提高采收率等技术，提高优势技术的数量和层次。快速突破致密油气勘探开发、基底变质岩勘探等技术，实现急需弱势技术的跨越发展。开展国际高端合作，加大基础理论和跨学科研究力度，抢占未来技术发展的制高点。跟踪掌握人工智能、大数据、云计算等国际前沿技术，推动信息技术与勘探开发主体技术深度融合，支撑智能油田、智慧油田建设。科技创新要筑牢根基。要加强应用基础研究，出台管理办法，立起项目，稳住人员，让从事基础研究冷项目的人心不再冷，以基础研究的大突破带动应用技术的大发展。加强学科建设，制定学科发展规划，完善学科技术体系，用学科建设带动技术发展。加强实验室建设，积极申报国家、省部级重点实验室，发挥实验室平台作用，创新技术，培养人才。拓展信息化领域空间，让信息化延伸到科研生产、经营管理各项业务，全面实现核心业务流程化、标准化、信息化。力争到2020年，研究院创新能力进一步提升，优势技术持续领先，赶超技术突破发展，应用基础研究见到成效，科技支撑能力显著增强。

（2）大力实施人才强院工程，打造一流的研发队伍。要加强人才能力培养。强化开放多维、求新求异等创新思维培养锻炼，不断提升科研人员创新能力。强化勘探开发专业知识和攻关方法培养锻炼，不断提升科研人员专业技能。强化岗位技能和基本操作培训，夯实科研人员的基本功。要拓展人才发展通道。制定人才发展规划，明确不同层次、不同专业、不同年龄结构人才发展对策，努力打造技术、管理和操作3支优秀人才队伍。完善目标管理，强化考核激励，切实发挥专家带动作用，进一步推进专业技术岗位序列管理。搭建展示平台，承担重大项目，加大宣传力度，打造高级专家和技术领军人物。加大青年承担项目比例，推行导师制和老专家传帮带，举办青年论文和技能大赛，为青年人才成长提供广阔舞台。以专家命名组建创新工作室和攻关团队，挖掘团队创新创效潜能，提高人才知名度和影响力。要健全人才激励机制。坚持物质激励与精神激励并重，探索建立多元化激励的配套机制，完善重大创新成果、突出贡献个人、优秀攻关团队奖励办法和创新典型评选办法，让各类优秀人才名利双收。力争到2020年，研究院拥有50名在行业具有知名度、能够引领技术发展的高级专家队伍，600名以青年为主体、在专业技术领域发挥骨干作用的核心人才队伍，基本建成引得进、留得住、用得好的人才高地。

（3）大力实施管理强院工程，打造一流的体制机制。要加强战略实施管理。以新发展目标为引领，制定核心业务发展规划，编制实施工作方案，推进新阶段发展战略全面落实。要提升科技管理效能。建立与油田公司课题制紧密衔接、分级分类、责权利协调统一的科研管理运行机制，让课题制管理更加灵活高效。完善学科技术体系建设工作机制，处理好专业化与一体化的关系，进一步增强持续创新能力。探索科研成果转化奖励机制，推进技术有形化、商品化，加快科研成果应用步伐。要夯实经营管理基础。树立正确的业绩导向，研究建立突出关键业绩、量化考核、融合力度的绩效考核体系，提高考核评价的科学性。健全项目预算、执行和成本控制制度体系，提高科研经费管理水平。健全国内外市场开发管理机制，建立院内有偿服务新模式，高效推进院内外市场开发。加强制度体系建设，着力解决制度不系统、不规范和管理缺失问题。力争到2020年，研究院管理体制更加科学有序，管理机制更加顺畅高效，基础管理更加扎实规范，发展动力显著增强。

（4）大力实施开放强院工程，打造一流的协作平台。要推进内部开放合作。打破院内系统间、单位间、项目间的隔墙壁垒，深化专业融合，建立统一的研发平台，共享科技信息和创新成果，提高研发效率和攻关水平。建立与油田生产单位交流合作机制，"请上来"为研究院把脉，确保攻关方向不走偏；"走下去"与生产单位联合，共解攻关难题，共推成果转化与应用。要推进国内开放合作。与实力雄厚的高校、科研院所建立战略联盟，开展应用基础研究、储备技术攻关，促进重大技术问题快速解决。举办高层次学术技术研讨会，进一步拓展科技人员的知识视野和创新思维。推进国家级、省部级重点实验室建设，实现共建共享、高端合作，加快理论创新和突破。要推进国际开放合作。借助高校院所、中国石油、大庆油田对外平台，与国际一流的研发机构、知名高校展开合作，互派访问学者，锻造高端人才，提升核心技术水平。举办国际学术技术研讨会，提升学术交流层次和水平，进一步扩大研究院知名度。力争到2020年，研究院思想观念更加开放，合作方式更加多元，开放合作成果更加丰硕，自主创新能力明显增强。

（5）大力实施文化强院工程，打造一流的科研氛围。要发扬大庆精神、铁人精神，厚植科研文化，为一流强院建设提供精神动力。要倡导奉献文化。传承新时期铁人王启民"宁可把心血熬干、也要让油田稳产再高产"的优秀品格，大力倡导奉献精神，科研人员要在攻关中讲奉献，机关人员要在管理中讲奉献，后勤人员要在服务中讲奉献，用奉献体现担当，用奉献展示才华，在全院形成奉献者光荣、实干者有位的良好风尚。要培育创新文化。弘扬"超越权威、超越前人、超越自我"的"三超"精神，营造崇尚创新、宽容失败、支持探索、鼓励冒尖的创新氛围，选树科技创新先进典型，引导科技人员冲破思想束缚，向新领域进军，向世界级难题挑战，创造高水平的科研成果，让创新成为研究院的发展之魂。要打造协作文化。要树立大局意识和"一盘棋"思想，分工不分家、分管不分心，既善当主角又能当配角，讲协作、讲配合、讲包容、讲欣赏，凝练团结协作、互助友爱的团队精神，形成推进一流强院建设的整体合力。力争到2020年，研究院优良传统薪火相传，文化内涵更加丰富，创新氛围更加浓厚，构建与科学殿堂、人才高地相匹配的精神家园。

（6）大力实施政治强院工程，打造一流的战斗堡垒。要聚焦全面从严治党，充分发挥党组织的政治核心作用，聚力保障一流强院建设。要加强思想政治引领。坚持用习近平新时代中国特色社会主义思想武装头脑，用中国共产党的创新理论把好世界观、人生观、价值观这个"总开关"，不断筑牢党员干部和广大员工推进发展的思想基础。要加强干部队伍建设。坚持党管干部原则，突出政治标准，严格制度规定，加快培养选拔优秀干部，切实解决干部接续问题。坚持严管与厚爱结合、激励与约束并重，完善考核评价机制，建立一支忠诚、干净、担当的干部队伍。要加强基层组织建设。落实民主集中制、"三会一课"等制度，创新基层党组织活动方式。健全基层党支部班子，加强基层党员教育、管理和监督，进一步提高创造力、凝聚力和战斗力。要加强党风廉政建设。压紧压实"两个责任"，严格执行党章党规，加强反腐倡廉教育。落实中央八项规定实施细则，持之以恒纠正"四风"。有效运用"四种形态"，强化执纪监督问责，巩固良好政治生态。力争到2020年，研究院党支部政治核心作用和战斗堡垒作用进一步增强，党员干部表率作用和党员先锋模范作用充分发挥，党的政治优势进一步转化为研究院发展优势。

五、发展战略演进分析

（一）发展战略的演进分析

综合分析大庆油田勘探开发研究院20年间的战略演进（1997—2018年），从1997年第一次制定发展战略开始，以后每10年进行一次大的战略调整和完善。战略演进最显著的特征就是各阶段对战略定位的把握、战略方向的选择、战略目标的确定都是一脉相承、循序渐进的。

1. 战略定位

1997年，第一次总体定位是"成为全国石油行业一流的研究院，为实现大庆油田'二次创业'和跨世纪稳产再做新贡献"；2007年，第二次总体定位是"打造百年强院，支撑百年油田"；2018年，第三次总体定位是"建设具有国际竞争力的一流强院，强力支撑油田振兴发展"。从"国内一流"到"百年强院"，再到"国际一流"，总体定位也是与大庆油田从内向型发展逐步转向外向型发展、参与国际市场竞争的战略转型高度一致。

历次发展战略的制定都始终坚持以大庆油田持续稳定发展为追求目标和发展方向，这是由研究院的机构属性决定的，其作为油田核心技术研发的主体，在油田勘探开发领域必须发挥技术创新的主导作用。

在发展模式上，始终坚持把创新作为引领发展的第一动力，把人才作为保证发展的第一资源，把改革作为推动发展的关键，以基础创新促进技术创新，以技术创新促进产研融合，努力实现智力资源与技术产出的协同发展模式。

在研发布局上，始终坚持与大庆油田发展战略相匹配，在生产应用技术、关键储备技术、战略接替技术上科学布局、高端定位、纵深发展。

2. 战略方向

坚持"专业化、实用化、市场化、国际化"方向，推动研究院全面"走向高端、走向市场、走向现代科研院所"。

（1）走向高端。在研发布局、经营模式、管理机制、人才结构上走向高端，推动技术创新向重点战略领域、关键技术革命性创新方向发展，管理向注重价值创造转变，走高质量发展道路。

（2）走向市场。运用市场化理念开展科技创新，研发组织开放导向，技术方向应用导向，技术产品市场导向，技术推广服务导向，形成市场化科技创新架构和经营模式，推进要素市场化配置，推动内生自驱的科技创新向"市场—资源—技术—产品—服务"循环的市场驱动的科技创新模式加快转型。

（3）走向现代科研院所。坚持以油田发展和市场急需的技术产品开发为主导，最大限度提升智力资本和知识资源的效能，建立以目标管理和矩阵式管理为核心的科技管理体制，培育创新意识、团队精神、营造宽松自由的学术氛围为核心的科研文化，向理念先进、管理先进、技术先进、文化先进的现代科研院所稳步迈进。

3.战略目标

战略目标就是把研究院建设成为大庆油田技术发展、人才开发、市场拓展需要的技术、人才、决策支撑。1997年和2007年制定的发展战略，都是把建设大庆油田的"地下参谋部、技术攻关队、改革示范区、科技人才库"作为战略目标；2018年制定的发展战略在"勘探开发战略参谋部、核心技术研发地、人才培养大本营"目标的基础上，增加了"市场开拓主力军"，进一步凸显对大庆油田"走出去"战略的技术支撑。20多年来，贯彻大庆油田战略部署和高质量发展要求，研究院一直用这些目标统领发展全局，全面推进技术创新、人才开发、管理改革、政治文化建设，统筹推进质量变革、效率变革、动力变革，加快提高全要素生产率，全力形成内生自驱的核心竞争力，已经进入具有国际竞争力的一流强院建设良性发展的快车道。

三次战略制定的战略目标是相互衔接、循序渐进的。可以分为4个阶段。

第一阶段：1997—2010年为重点突破、国际接轨阶段。建成国内一流强院，成为国内领先、具有区域竞争力的百年油田技术研发中心。

第二阶段：2010—2020年为全面推进、跨越发展阶段。通过深化改革，练好内功，筑牢新阶段的发展根基。到2020年，研究院拥有核心技术的领域明显增多，应用基础研究初见成效，学科建设、重点实验室建设和信息化建设取得新进展，以课题制为核心的科研管理机制灵活高效，专业技术人才队伍和干部队伍接替问题有效解决，国内外技术市场进一步巩固，一流强院建设取得阶段性进展，建成具有一定国际竞争力的百年油田技术研发中心。

第三阶段：2020—2035年为整体提升、跨越发展阶段。通过持续创新、跨越发展，全面增强研究院的整体实力。到2035年，研究院自主创新能力显著增强，一大批核心优势技术国际领先，薄弱技术弯道超车，领军人才队伍和创新团队形成规模，具有重要影响力，"开放、流动、竞争、协作"的现代院所制度基本建立，拥有更多的国内外技术市场份额，全面实现一流强院建设目标，成为具有国际竞争力的百年油田技术研发中心。

第四阶段：到2060年为多维超越、国际先进阶段。建成核心技术全面领先、领衔专家国际知名、高水平研发产出成果丰硕、国际技术市场竞争优势显著的一流强院。

（二）制定和推进发展战略的启示

1.必须保持战略目标的长远性和持续性

将战略放在国际、国家、行业大背景下思考，立足于20～30年的长期规划，分阶段实施。要适应各种环境、条件的变化，必须保持战略的持续改进和完善，每10年左右进行一次战略实施效果再评估、战略方向的再调整、战略目标的再瞄准、战略路径的再优化、战略方案的再细化。

2.必须坚持战略谋划的系统性和全面性

战略实施是一个系统工程，机构的各项业务、各单位和部门的工作都要围绕总体战略制定配套的实施安排。作为国有企业研究机构，要以技术创新为主线，配套体制机制、组织架构、人力资源管理、行政管理，还要把党的建设作为最重要的组织保障和思想保障重点部署。

3.必须保证目标的先进性和可及性

要进行充分的对标分析，找到技术创新体系、人才开发体系、科技管理体系等方面国际领先的机构作为标杆，找出这些机构的特质作为制定目标的参考，并结合国家战略、行业趋势、技术走向的分析制定战略目标。战略目标在满足长远性、科学性标准的同时，还要考虑目标的可实现性，这也需要在战略实施方案中对完成目标的风险进行分析，制定有效的对策。

4.必须体现战略部署的统领性和强制性

发展战略是机构各项工作的统领，年度各项工作的计划安排都是在发展战略的框架下对具体目标的落实。领导干部是发展战略落地的关键，需要有战略思维、较强的战略执行能力，自觉融入战略体系，提高执行效率；机关部门是战略实施的中枢，需要有较强的决策部署、指导工作、监督实施的能力和水平。

第十六篇　大庆油田勘探开发研究院项目管理机制探索历程

课题制是指按照公平竞争、择优支持的原则，确立科学研究课题，并以课题为中心、以课题组为基本活动单位来进行课题的组织、管理和研究活动的一种科研管理模式。2002年初，为了提高国家科研课题管理的科学性，完善科研课题管理制度体系，促进科学事业发展，国务院办公厅转发了科技部等四部委《关于国家科研计划实施课题制管理的规定》，对课题的确立、组织管理、经费核算、验收、监督和检查等各环节都做出了明确规定，这标志着我国科研计划和科研项目全面实施课题制管理。2002年5月，科技部等4部委根据以上课题制规定颁布了《国家科研计划课题招标投标管理暂行办法》和《国家科研计划课题评估评审暂行办法》，对科研课题招投标活动和课题评审评估做出了具体规定，我国科研课题制不断得到巩固和深化。在以上制度相继出台以后，各级各类研究机构陆续结合自身特点进行了课题制探索和实践。大庆油田勘探开发研究院作为石油企业规模最大的企业研究机构，于1997年就开始项目管理的探索，2002年开始课题制改革尝试，经过20年的发展逐渐找到了适合自身特点的项目管理机制。

一、企业研究院的业务独特性

随着经济全球化深入发展以及新一轮科技革命和产业变革加速演进，科技创新能力成为国家综合实力和国际竞争力的核心要素，而一个国家的科技创新能力主要体现在国家和企业层面的基础研究、原始创新、关键核心技术突破等方面。企业作为经济运行和市场竞争的主体，同时也是科技创新的主体，企业只有不断创新，才能持续拓展生存和发展的空间。而企业研究院则是企业科技创新的重要载体、国家科技实力的重要组成部分,也是推动社会科技进步的重要力量。

大庆油田勘探开发研究院隶属于全国最大的油气生产企业——大庆油田,是从事油气勘探开发相关科学及相关领域研究开发和实验的科研机构,也是企业内部的技术开发、产品开发、工艺开发相关的技术服务机构。这样的定位决定了研究院的业务多样性的特点。既有油气勘探开发涉及的基础科学方面的应用基础研究,又有相关的应用技术研发,还有相关的勘探开发方案设计,也有实验分析、地球物理勘探资料处理解释、信息化建设等生产任务。这些任务的性质不同,工作流程不一样,需要采取不同的管理模式。

二、传统的项目管理模式分析

（一）早期以行政主导的任务管理模式

大庆油田勘探开发研究院自1964年成立之日起,项目管理就采取计划经济下的行政管理模式。

采取研究室为基本的组织机构的组织模式。研究室下设几个行政组作为基本的任务管理单元,行政组负责管人、管任务、管行政事务,相当于工厂里的车间模式。

实行自上而下的垂直管理模式。研究院下达任务到专业系统,专业系统分配任务到研究室,研究室再将任务分解到行政组,由行政组负责组织完成任务,用行政管理代替技术管理。行政组只对研究室负责,研究室负责对上接受任务、对上请求项目组运行遇到问题的协调解决。行政组没有用人权、经费支配权和奖金分配权。

（二）传统模式的适应性分析

在计划经济阶段,行政主导的任务管理模式具有显著的特点。

（1）行政组的自封闭性,造成横向上严重的条块分割,项目组运行过程中涉及的横向协调工作也是自下而上传递的,效率严重低下。

（2）资源的固化性,行政组的人员在较长的期限内相对固定,人员的专业结构、技能结构都相对固定,配套的设备、软件等资源也相对固定。

（3）管理的行政性，项目甲方用户与项目执行团队的隔离限制了运行协调，行政管理的逐级上传下达制约了效率，行政管理代替技术管理制约了专业性。

在市场经济条件下，现代科技项目的市场属性、用户主导的特点，决定了项目管理的鲜明特点。

（1）临时性。项目有明确的开始和结束时间，往往要根据客户的需要倒排项目进度计划，保证成果按时交付给客户；项目团队是临时组建的，这个团队包括项目投资方、项目实施方和项目成果使用方3个主要利益相关方，需要有责有权的项目长和矩阵式组织形成的项目团队。

（2）跨职能性。团队成员需要跨部门组织，项目长要跟不同的部门主管进行工作和绩效的沟通；专业知识的跨领域，项目长需要掌握不同的业务知识，依靠必要的专业知识才能做出正确的决策。

（3）唯一性。项目和交付产品的唯一性决定了项目团队的唯一性和独特性，任何一个项目的团队也是与众不同的，团队成员的组成特点、利益关注点、所在部门对其的影响等，构成了这个团队的独特性，项目长需要根据项目的特点，定制项目的组织形式，优化项目运作流程，采取多变的团队管理风格。

（4）变革性。"项目"存在的意义就是用更少的资源、更短的时间，推倒部门墙，组建临时团队，共同完成一项能为所有利益相关方带来价值的工作，这种形式的管理方式，必然会引起企业当前运作流程和各部门工作方式的改变，无论是项目的过程还是结果，都会给项目各方带来多方面的变革。

（5）不确定性。上述的4个特征给项目引入了极大的不确定性和风险，在立项之初就已确定实现时间、成本和质量的情况下要完成目标对项目管理的挑战是很大的。

很明显，以行政主导的行政组进行项目管理是一种"以不变应万变"的僵化的管理模式，其自身存在的自封闭性，不能适应现代科技项目管理的临时性和跨职能性，资源固化性也不能适应现代项目管理的唯一性，管理的行政性不能适应现代项目管理的变革性。因此，到了20世纪90年代末，研究院就开始了现代项目管理创新的尝试。

三、综合课题制改革开启了现代项目管理创新的新征程

（一）机构扁平化改革为课题制实施奠定组织基础

1997年，根据大庆油田"二次创业"的要求及大庆石油管理局深化改革的总体部署，研究院开始了以先进的科研生产组织体系、高效的管理及完备的运行机制来保证科技水平不断提高的探索。

（1）组织机构扁平化。按专业划分组成勘探、开发、三次采油、分析测试、计算机网络信息、科研服务"六个所"，逐步弱化或取消研究室管理（院主管领导兼任所长，设党总支书记、副所长；研究室保留主任、党支部书记，取消副主任和室工程师），最终实现所领导下的扁平化的项目管理体制。

（2）实行大课题组管理。全院的科研生产工作按技术系列及科研生产需要划分为97个大课题组。此时的大课题管理实际上就是课题制的雏形，当时计划待解决研究室的管理机构问题后，相应的管理权限就可以到位。

尽管后来的形势有了变化，1999年研究院又对内部管理组织机构进行了调整，取消了所级管理机构，恢复实行院、室两级管理，但毕竟迈出了课题管理创新的第一步，也为接下来的改革积累了宝贵的经验。

（二）综合课题制实施探索

2002年，按照研究院"2·4·1"发展战略目标要求，正值国家出台了完善科研课题管理制度体系的相关政策，研究院适时推出了课题制试点工作改革。在勘探系统3个研究室的6个重大核心技术攻关项目实施了"课题制"试点工作。

（1）扁平化管理，课题组直接对院专业技术委员会负责。

（2）以课题为中心配置资源，课题组长实行竞聘上岗，人员、经费、设备在勘探系统层面合理配置。

（3）赋予课题长人员聘用选择权、经费使用权和奖金支配权。

这次试点，充分借鉴了1997年的改革思路，课题组直接对院专业技术委员会负责与大课题组直接对专业研究所的管理有异曲同工之效。课题制试点

一年，转变了科技人员的传统观念，激发了科技人员的创新潜能；需求人员的灵活聘用方式，确保了攻关任务的高质量完成；实现了项目负责人责权利的统一，增强了技术人员的紧迫感和危机感；充分调动了课题组成员的积极性，团队精神得到了较好发挥。2003年，在勘探系统课题制初步见到成效的基础上，在全院各系统全面推广。在继续坚持试点实行的课题长竞聘产生、课题长赋予"三权"的基础上，进一步完善政策措施。课题制实施范围限制在专业研究室和综合研究室，生产任务为主的研究室实行模拟课题制；科研任务和设计任务结合设立课题；发挥研究室管理职能，加强课题实施指导和管理职能。

（三）综合课题制实施过程中的不断完善

2007年，针对实施效果调查发现的课题制实施过程中存在的课题制在设计和生产项目管理上不适应；运行过程中存在课题组长聘任、经费测算、权责统一、横向协作、考核奖励等方面制度不完善；课题制与学科建设有些脱节等矛盾和问题，研究院对课题制进行了系统完善。主要是实行分类管理，科研项目和联合攻关项目实行课题管理，设计任务实行项目管理，生产任务实行岗位管理；实施技术单元管理，重大项目实施联合攻关、重大专项管理，实现了学科团队建设与项目管理的有机结合。

（四）综合课题制实施效果评估和启示

在课题制全面实施4年后开展了课题制实施效果全面调查评估，调查显示近2/3的科技人员对课题制持肯定态度，说明科技人员普遍对课题制的实施效果是认可的。课题制的成功实施带来一些重要的启示。

（1）课题制管理是按照市场机制建立的一个开放、流动、高效科研管理机制，改变了传统科研管理以研究室为中心的行政管理思想，拓展了课题组人员选择的范围，增进了学科间的交流与沟通，实现资源在全院范围内的共享。

（2）课题制管理引入了竞争机制，调动了科技人员的积极性和创造性，激发了科技人员的创新潜能，提高了科研活动的效率。

（3）转变了传统科研管理模式下分配的平均主义，奖酬金的分配权直接下放到课题组，体现多劳多得的分配原则，激发了科研人员的工作热情和主观能动性。

（4）课题制管理以课题为中心、以课题组为基本单元进行课题的组织、管理和研究活动，责任落实到人，管理更加顺畅，管理层次更加明晰。

（5）课题制管理实现了以课题负责人为核心的人力资源配置，规范了课题组组成方式、课题负责人选聘方式；明确了课题组、课题负责人、成员的责权利，有效地保障了科研人员在研究与开发活动中的主体地位。

四、以大项目和大课题管理作为油公司研究院的项目管理基本模式

（一）课题制管理暴露的深层次矛盾

课题制管理是国际上普遍采用的有效的科研管理体制，研究院20多年的探索实践的效果也证明了课题制在机制上是基本完善的。从效果上看，是正面的、有效的，存在的问题是局部的，这是一套行之有效的管理机制，存在的一些问题也主要是执行中的问题。但我们还应该看到，任何先进的体制机制都是有其存在的土壤条件的，最重要的是配套的组织体系、管理架构、社会环境。这些方面的变革是改革的深水区，涉及大的利益再调整，必然会引起大的矛盾，而且有些也需要在更高的层面加以考虑。从这几个方面分析，总体上看，课题制实施至今，存在几个深层次的矛盾：

（1）纵向管理与横向组织的矛盾。院、专业系统、研究室的三级管理架构仍然存在，行政管理的条块分割与大项目横向管理的突出矛盾仍然没有得到根本解决。

（2）现行的行政管理模式严重制约课题组用人权、经费支配权、奖金分配权的状况仍然没有得到根本改变，不能做到课题组责权利的高度统一。

（3）现行的投资渠道不完善，研究院部分科研项目及大部分设计项目和生产项目没有专项费用支持，实行独立项目管理的条件不够完备。

（4）油气勘探开发正经历由常规到非常规，由一般难度到超级难度，需要多学科多专业大协作、大融合，开展大研发、大工程，现行的课题制管理

还需要与之相适应。

（二）大项目和大课题管理

1. 优化项目分类

按照项目性质、特点，将研究院承担的项目优化为3类。

第一类是应用技术攻关项目，以问题为导向，以核心和接替技术攻关为主要内容，为破解制约油田发展的难题而设立的科研项目。注重关键节点管理，重视成果创新性，重点考核创新指标突破等。

第二类是设计生产项目，以目标为导向，为完成上级下达的年度生产任务而设立的项目，主要包括规划、储量、方案、地球物理、分析化验、信息化建设等。注重过程管理，重视成果及时性、符合性，重点考核基础工作、标准规范、新技术应用等。

第三类是基础前沿项目，以需求为导向，围绕基础理论、机理和规律性问题以及前沿技术方向，以颠覆性、革命性技术研发为主要内容，设立的基础研究和前沿技术探索项目。注重项目开题设计和成果验收评审这两端节点的管理，重视基本原理、方法的正确性，重点考核学术观点的业界认同性和影响力等。

2. 项目管理模式

1）应用技术攻关项目实行"大课题制"管理

以上级设立的重大专项设立的课题为管理单元，下设支撑项目，与上级课题制配套统一，执行上级课题制政策。

院技术委员会依据公司立项论证要求设定大课题任务要求和攻关目标，在两级专家中竞聘产生负责人，由两级专家或一级工程师担任副课题长；赋予课题负责人课题组成员的任用权、配套经费的支配权和课题奖金的考核分配权。课题长负责组织开展详细论证设计，组织落实攻关安排，设置支撑项目，支撑项目负责人竞聘产生。

课题实行两级考核，先进行院技术委员会组织的评审考核，通过后才能参加油田公司评审考核。课题日常奖金经由管理部门测算匹配到专业系统、专业系统匹配到研究室、研究室匹配到课题支撑项目；大课题绩效考核奖金按照油田公司的考核兑现政策执行，大课题长负责分配。

2）设计生产项目实行"大项目制"管理

根据上级下达的设计和生产任务，依据任务类别、工作组织、专家配备等设置大项目，下设子项目。

大项目由院技术委员会组织开展立项论证，在两级专家中选聘负责人，由两级专家或一级工程师担任副项目长。大项目长组织开展支撑子项目详细论证设计，子项目负责人在1~3级工程师中竞聘产生。

大项目由专业技术委员会负责考核；生产设计子项目按计划要求由专家组进行即时考核；生产项目实施下放管理，按任务书要求由研究室进行任务考核。子项目日常奖金经由管理部门测算匹配到专业系统、专业系统匹配到研究室、研究室匹配到子项目，由子项目负责人考核发放；大项目绩效考核奖金参照大课题标准由研究院核定，由大课题长负责考核发放。

3）基础前沿项目实行特殊政策支持

以促进核心技术更新换代、勘探开发技术政策重大变革、工艺技术重大革命为标准，以新领域、新技术的颠覆性突破带来储量、产量跨越式增长为目标，设立应用基础研究和前沿技术探索项目。以独立项目为管理单元，严格立项。由专业技术委员会论证提出，管理部门组织内外部专家开展论证，成熟后由院技术委员会审定立项。项目长在全院知名专家中竞聘产生，团队由项目长自由组建，院内团队成员必须是研发能力强、创新能力强、专业水平高的科研骨干，支持外部高端人才加入攻关团队。内部成员给予特殊薪酬政策支持，外部成员按照油田高层次科技创新人才待遇引进；给予项目研发费用、外部协作、设备软件、立项考核方面的特殊支持。

五、项目管理机制演进分析

（一）项目管理机制的演进

大庆油田勘探开发研究院1964年建院以来，项目管理机制经过了3个大的阶段。

第一阶段为计划经济时代的行政管理阶段（1964—1996年）。以研究室为基本的组织单元，以行政组作为基本的任务管理单元，实行任务层层下达的计划管理，行政管理代替技术管理。

第二阶段为计划经济向市场经济过渡的综合课体制改革探索阶段（1997—2020年）。以局部（专业系统）管理扁平化为基础，综合项目作为课题单元，实行技术委员会为核心的技术管理。

第三阶段为市场经济条件下的课题制深化改革阶段（2021年之后）。以彻底解决严重制约大研发、大工程需要的横向大协作、大融合僵化的管理机制为根本目的，组织结构的扁平化由专业系统层面过渡到研究院层面；项目技术管理模式由总师为核心的行政管理过渡到以专家为核心的技术管理；任务考核激励主体由行政组织（研究室）过渡到课题（项目）单元。

（二）项目管理机制创新的启示

1. 项目管理机制创新是战略发展的需要

项目管理机制的演进与发展战略演进比较分析表明，两者的关键节点高度契合，证明了项目管理机制创新就是战略管理的一部分。在1996年之前的计划经济条件下，研究院的发展战略就是为油田勘探开发保驾护航，相应的项目管理完全靠行政手段。1997年之后，国家进入了计划经济向市场经济的过渡阶段，研究院发展战略也开始向在国家、行业层面上参与全面竞争的方向转变，相继提出了"行业一流研究院建设"和"百年强院建设"战略目标，相应的项目管理机制也向更适应市场需要的综合课题制改革方向进行创新探索。2021年开始，在中国进入全面深化改革攻坚阶段的大背景下，研究院的发展战略在参与全球竞争的层面瞄准更高目标，提出了"建设具有国际竞争力的一流强院"的战略目标，相应的项目管理机制也向更有利于大研发、大工程、大开放、大创新的大课题（项目）管理转变。

2. 企业研究院的业务特点决定了项目管理创新的独特性

企业研究院最鲜明的属性就是隶属于企业，最重要的作用就是为所属企业发展服务。不同企业为所属研究院的定位存在差异，因此不同的企业研究院的项目管理模式存在差异。由于企业研究院的项目具有类型多样性（研发、设计、生产、服务）、投资渠道的多元性（上级投资、市场合同、自筹资金）、资源配置的局限性等特点，决定了项目管理改革创新的方向不能简单套用现成的课题制、项目制等模式，需要根据自身实际进行创新。

3. 项目管理机制的创新必须有综合的配套管理改革做保障

项目是企业研究院最核心的业务体现，整个研究院的资源配置也以项目为核心，因此项目管理不是单一的改革举措，而是牵涉科技管理的方方面面的全面改革。人力资源管理改革要为项目实施提供高素质人才保证；资金管理改革要为项目实施提供资金保证，绩效考核管理改革要为项目实施提供人才激励保证，资产设备管理改革要为项目实施提供基础保证。

4. 市场化是主导项目管理改革的最重要推动力

研究院的战略演进路线，体现了从封闭的计划经济体制过渡到市场主导的多元经济体制的国家改革发展进程。项目管理机制的创新必须以市场为导向，围绕市场需求定项目，以项目为核心匹配资源，要适应市场技术问题超难、环境变化超快、竞争对手超多的残酷现实，确保研究院的发展走出油田、走向市场，最终要深度参与国际竞争大战略目标的实现。

参考文献

[1] 理查德·L. 达夫特，雷蒙德·A 诺伊. 组织行为学 [M]. 杨宇，等译. 北京：机械工业出版社，2004.

[2] 陈树文. 组织管理学 [M]. 大连：大连理工大学出版社，2005.

[3] 杰克·R. 梅雷迪斯，斯科特·M. 谢弗. MBA 运营管理 [M]. 2 版. 陈曦，译. 北京：中国人民大学出版社，2004.

[4] 杨东龙，等. 人力资源工具库（第二辑）——如何评估和考核员工绩效 [M]. 北京：中国经济出版社，2001.

[5] 刘卫民. 基于玛汉·坦姆仆理论探讨知识型员工的激励措施 [J]. 商场现代化，2006（12）：7-9.

[6] 杨春华. 知识型员工激励的案例研究 [J]. 科技管理研究，2006（10）：172-175.

[7] 傅诚德. 石油科学技术发展对策与思考 [M]. 北京：石油工业出版社，2010.

[8] 大卫·J. 科利斯，辛西娅·M. 蒙哥马利. 公司战略——企业的资源和范围 [M]. 王永贵，等译. 大连：东北财经大学出版社，2005.

[9] 詹姆斯·R. 埃文斯. 商业统计学精要 [M]. 潘文卿，等译. 北京：中国人民大学出版社，2004.

[10] 许庆瑞. 全面创新管理——理论与实践 [M]. 北京：科学出版社，2007.

[11] 舒森，方竹根. PMP 项目管理精华读本 [M]. 合肥：安徽人民出版社，2002.

[12] 牛彦良，吴畏. 未动用储量优选评价分析方法 [J]. 石油学报，2006（增刊）：115-118.

[13] 牛彦良. 石油勘探开发设计任务的人力资源调配方法 [J]. 管理观察，2011（16）：102-104.

[14] 牛彦良. 油公司研究院的组织结构设计研究 [J]. 管理观察，2019（22）：107-110.

[15] 牛彦良. 油田科技人员激励需求调查分析 [J]. 管理观察，2020（10）：32-34，37.

[16] 牛彦良. 管理人员评价指标体系设计及测评方法研究 [J]. 管理学家，2021（7）：56-58.